U0111935

大展好書 好書大展

婦幼天地
29

懷孕與生產剖析

岡部綾子／著
劉雪卿／譯

大展出版社有限公司
DAH-JAAN PUBLISHING CO., LTD.

第一章　懷孕生理與知識

第二章　懷孕十個月的母體與胎兒

第三章　懷孕期間的生活與工作

第四章　懷孕期間的疾病與治療方法

第五章　生產的準備與知識

第六章　產後的治療與知識

第一章　懷孕生理與知識

懷孕的過程

懷孕並不只是女性的腹部變大而已，而是指男性的精子與女性的卵子結合，新的生命在女性子宮內誕生，逐漸成長的現象。

幾乎所有的生命，都是從一個細胞，也就是受精卵發生的。

至於其過程，則相當微妙、纖細而又神秘。

①男性性器

☆外性器

○**陰莖**──具有勃起組織的陰莖，會因性的刺激，血液集中於靜脈而變硬。這個組織稱為海綿體。陰莖的前端部分叫做龜頭部。

○**陰囊**──保護睪丸、副睪丸及部分輸精

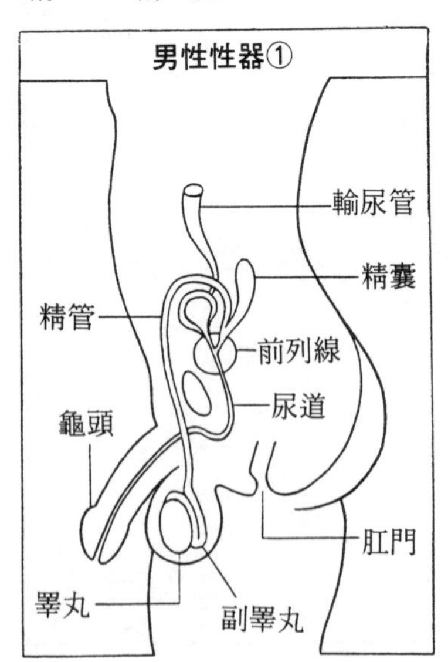

管的袋子。這個袋子，是不耐熱的精子的溫度調節器。

☆內性器

○睪丸——製造精子的工廠。這個工廠分為幾個小房間，裡面佈滿了製造精子的細管。要成為完全發育成熟的精子細胞，大約要花二個月的時間。透過這些細管，精子被送到副睪丸，並在那兒發育成熟。至於其它組織，則製造出男性荷爾蒙中的睪丸素。

男性性器②

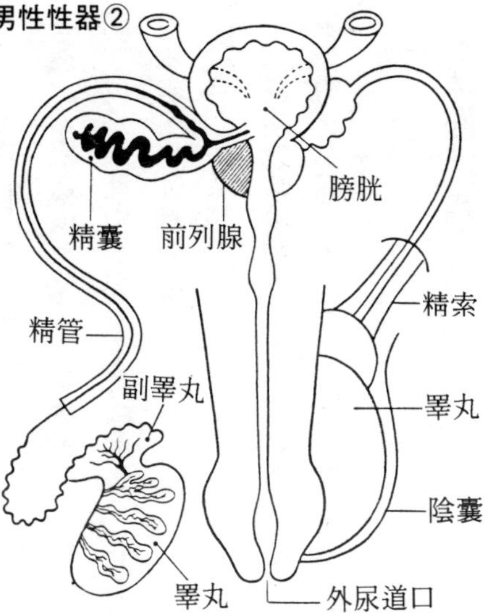

膀胱
精囊
前列腺
精管
副睪丸
睪丸
精索
睪丸
陰囊
外尿道口

○精囊、輸精管——精子通過輸精管集中於精囊。這就是精子貯藏庫。含有糖分的精液在此混合精子，做好射精的準備。

○前列腺——精子和尿液都會通過尿道。因此，如果射精時會排尿，或著排尿時會射出精液，那就糟了。這時能發揮交通指揮作用的，就是前列腺。另外，為了使精子順利到達卵子處，也會分泌出刺激精子與子宮的物質。

○尿道——由於排出的精液時會堵住尿液出口，排尿時則會堵住精液的出口，因此一般人都認為尿道很不乾淨，其實不然。大便中含有大腸菌，會使食物發酵而致排泄物骯髒、難聞。但是尿液中卻完全不含細菌。一旦含有細菌或大腸菌，就會引起尿道炎或膀胱炎。而尿液本身，也就是血液。

☆射　精

精子以精液的形式，藉著骨盤的肌肉往返運動，由尿道釋放出來，即稱為射精，一次釋出量約三～五cc，不過卻含有二億個以上的精子。

②女性性器

☆外性器

○陰核——相當於男性的陰莖，是由海綿體組織所構成的。

○大陰唇・小陰唇——保護陰道口的皺摺

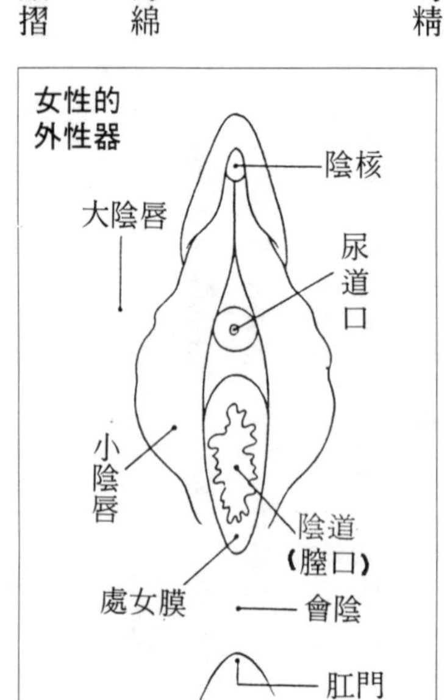

。

○會陰——陰道口與肛門之間的部分。目前在生產時，醫生會將其切開必使嬰兒順利通過，待生產過後再加以縫合。

☆內性器

○輸卵管——因為輸卵管的入口呈飄蕩的喇叭狀，故又稱為喇叭管。在喇叭管內面有幾百萬個綿毛，似乎在對排出到腹腔的卵子招手呼喚：「過來，過來！」

女性的內性器

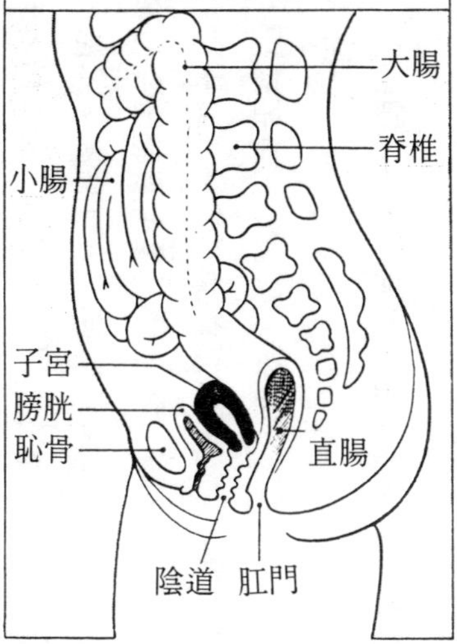

大腸
脊椎
小腸
子宮
膀胱
恥骨
直腸
陰道
肛門

輸卵管的長度約為十～十二公分。如果精子在這個時期進入喇叭狀的入口，就會與卵子結合成為受精卵。受精卵會花大約一週的時間通過輸卵管，最後來到子宮。

○卵巢——左右各一，大小約如拇指指頭般。製造卵子的原始卵細胞，在出生時就有一○○～二○○萬個。到了青春期以後，會開始產生卵泡荷爾蒙（雌激素），進而促進子宮內膜的發育。

通常，每隔四～五週左右，就會從二個卵巢中的一個排出卵子，這就是所謂的排卵。排卵後的卵泡形成黃體，在大約二週的時間內分泌黃體荷爾蒙（孕酮）。

○子宮——位於膀胱與直腸間。如雞蛋般大小，外形與西洋梨類似。

受精卵在子宮內膜著床後，形成吸收來自母體養分與氧的組織（絨毛）及成為胎兒的部分（胎芽）。

○陰道——子宮與外部相連的管道。長約七～八公分，能夠防止細菌侵入。

③排卵與月經

與精子的天文數字相比，卵子一個月只排出一個。首先是在卵巢部分，由於腦下垂體前葉分泌的卵泡刺激荷爾蒙的作用而使卵泡成熟，分泌出卵泡荷爾蒙（雌激素）。卵泡荷爾蒙能提高子宮內膜的發育。當卵泡荷爾蒙充斥於血液中時，腦下垂體前葉會分泌黃體化荷爾蒙，對一個成熟卵泡產生作用而形成排卵。

排卵後，卵泡會自然萎縮。這時血液由周圍進入，變為黃色，形成黃體，同時還會分泌

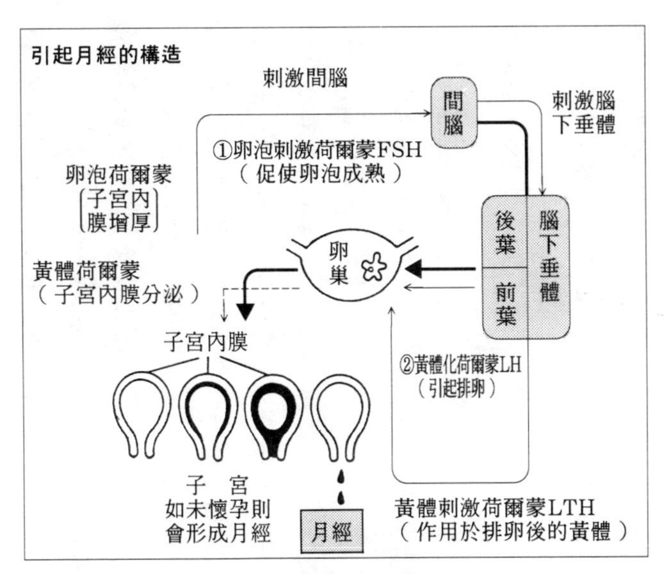
引起月經的構造
刺激間腦
間腦
刺激腦下垂體
①卵泡刺激荷爾蒙FSH
（促使卵泡成熟）
卵泡荷爾蒙
〔子宮內膜增厚〕
後葉
前葉
腦下垂體
卵巢
黃體荷爾蒙
（子宮內膜分泌）
子宮內膜
②黃體化荷爾蒙LH
（引起排卵）
子宮
如未懷孕則
會形成月經
月經
黃體刺激荷爾蒙LTH
（作用於排卵後的黃體）

月經與體內的變化

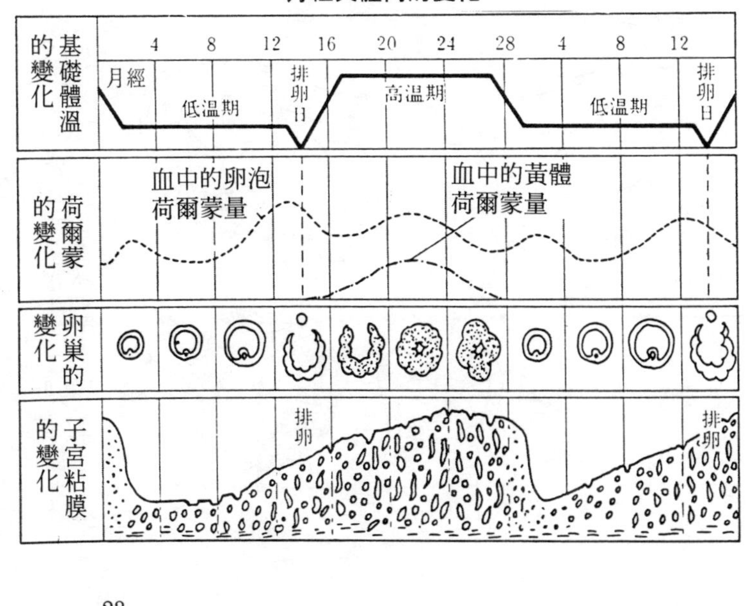
基礎體溫的變化
4
8
12
16
20
24
28
4
8
12
月經
低溫期
排卵日
高溫期
低溫期
排卵日
荷爾蒙的變化
血中的卵泡荷爾蒙量
血中的黃體荷爾蒙量
卵巢的變化
子宮粘膜的變化
排卵
排卵

大量黃體荷爾蒙及少量的卵泡荷爾蒙。

上述種種現象，都是為了準備一個容易接受受精卵、柔軟、富於血液的床而產生的。

黃體的壽命大約可維持二週。如果在這期間受精，黃體會持續荷爾蒙分泌活動；如果並未受精，則會萎縮並停止對子宮內膜的作用，導致內膜壞死、剝落。同時，充血的微血管會破裂，開始出血，這就是月經。

一旦老舊的子宮內膜流出以後，腦下垂體會再次開始分泌卵泡刺激荷爾蒙。

④受　精

精子為鹼性，陰道內為酸性，因此有很多精子在陰道內即被殺死。至於殘留下來的精銳

受精的構造

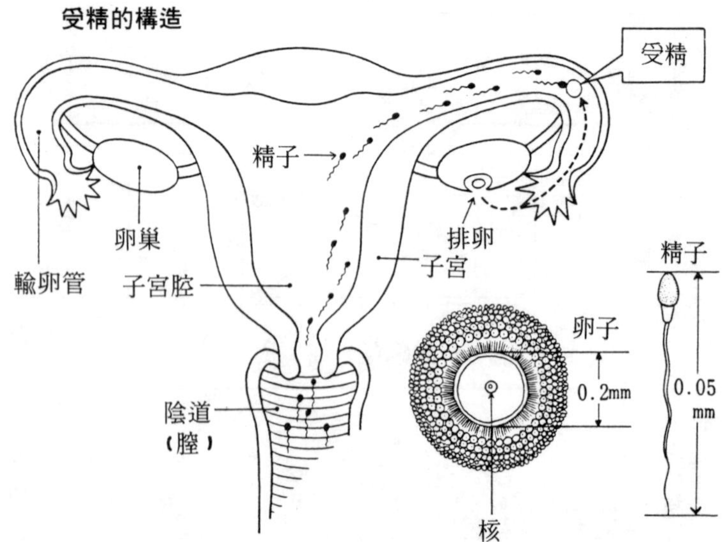

精子，則衝向子宮腔。在此之前，精子必須先突破子宮入口，也就是頸管才行。但是，保護頸管的頸管粘液，粘度會隨著為期約四週的月經周期的時期不同而產生很大變化。

換言之，一旦到了排卵時期，為了順利接受精子，頸管粘液會變成半液體狀好讓精子容易通過。

頸管粘液具有巧妙的構造。例如，在一般時期，粘液的粘性極強，拒絕讓精子進入。

子宮內為鹼性，對精子而言較適合居住。在子宮腔內，精子以一分鐘二～三㎜的速度朝輸卵管前進。

假設這時卵子正好在輸卵管中等待機會，則在無數精子當中，只有一個能在輸卵管膨大處與卵子相遇，結合。與此同時，卵子、精子的遺傳因子也會融合，此即所謂的受精。受精後的卵子，稱為受精卵。

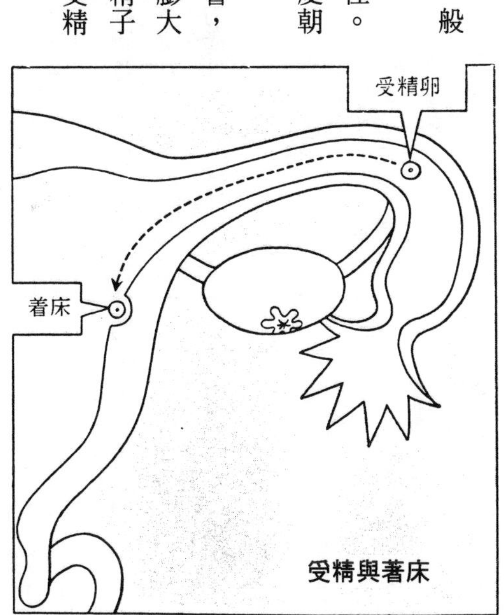

受精與著床

⑤著　床

受精卵重複顯著的細胞分裂，慢慢地由輸卵管下降到子宮。經過約一週的蜜月期後，在子宮內膜著床。換句話說，著床的時期，是下次月經預定日的一週前。

受精卵在此形成吸收來自子宮內膜血管的養分與氧的絨毛組織，以及成為胎兒的胎芽。這就是懷孕的成立。

懷孕的徵兆

儘管我們無法察覺到受精或著床，但是懷孕成立以後，卻會出現以下徵兆。

除了必須接受醫師的診斷以外，一旦察覺到懷孕的徵兆，盡全力防止流產、保護母體及胎兒的安全，也是非常重要的。

①月經停止

一旦受精，黃體荷爾蒙分泌旺盛，卵泡的發育受到壓抑，因此子宮內膜不會遭到破壞且更為發達。也就是說，月經是子宮內膜遭到破壞後剝落而形成的，但是在懷孕以後，內膜會形成妊娠脫落膜，結果反倒有助於受精卵的著床。

反之，如果子宮下部的內膜無法變化發育為脫落膜，則其中一部分會像月經來時一樣流出，形成少量出血現象。

此外，環境變化或有事擔心時，也可能在未曾懷孕的情況下導致月經停止。總而言之，當月經未如期到來時，一定要立刻接受醫師檢查，這點非常重要。

當經期過了二週以上時，就表示可能已經懷孕了。

②出現孕吐現象

- 聞到食物的氣味會覺得噁心。
- 想吐。
- 不斷產生口水。
- 對食物的喜好發生改變。
- 缺乏食慾或食慾亢進。
- 食物進入胃中會有不消化及胃灼熱的感覺。

當經期過了二週後，通常會出現上述症狀。當然，症狀因人而異，有的較輕，有的則相當嚴重。有些婦女不知道自己已經懷孕，誤以為前面這些症狀是胃腸疾病所引起，直到照過X光後，才驚訝地發現原來自己將為人母了。

孕吐的原因，據說是受到懷孕後荷爾蒙的影響或自律神經緊張所致，不過目前還無法確定。

孕吐並非疾病。一般來說，最慢在懷孕五個月時就會痊癒。

③基礎體溫的高溫期持續不斷

一旦基礎體溫的高溫期持續三週以上，就可能是懷孕了。當然，只有屬於正常型的人，才能明顯區分出低溫期（卵泡期）與高溫期（黃體期）。這是因為，排卵後的黃體荷爾蒙對腦中的體溫中樞產生作用，能夠使體溫上升所致。

☆基礎體溫的測量方法

首先將婦女體溫計（攝氏一度分為二〇個刻度）置於枕邊，並準備好基礎體溫表。早上

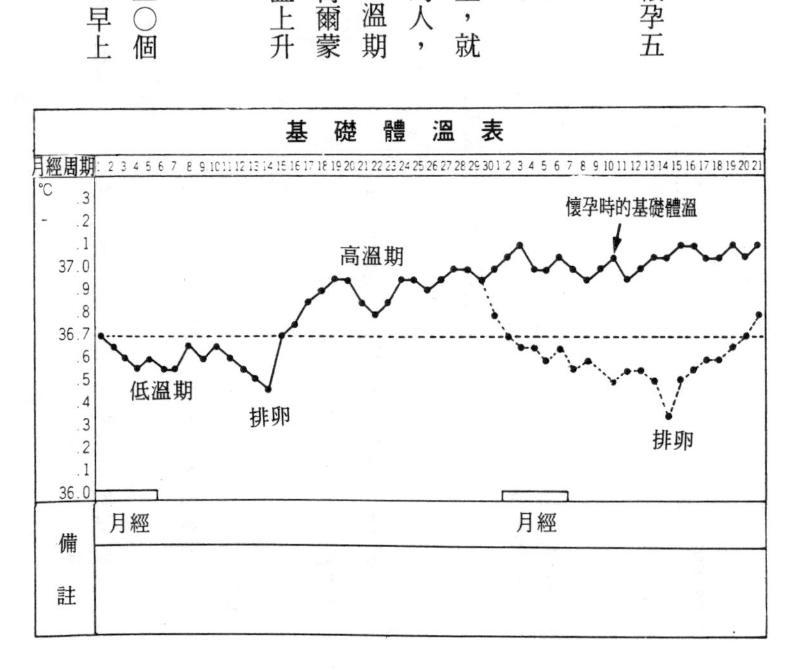

醒來後，保持不動的姿勢，將婦女體溫計含在舌下。原則上要每天在同一時刻進行測量，每次最少要測量五分鐘。

接著將測得的體溫填入基礎體溫表中。

如果有感冒、身體不適等現象，則必須記錄在備註欄內。

此外，早上喜歡睡懶覺而無法在預定的時間測量，或者上過廁所後才測量時，也必須照實記錄下來。

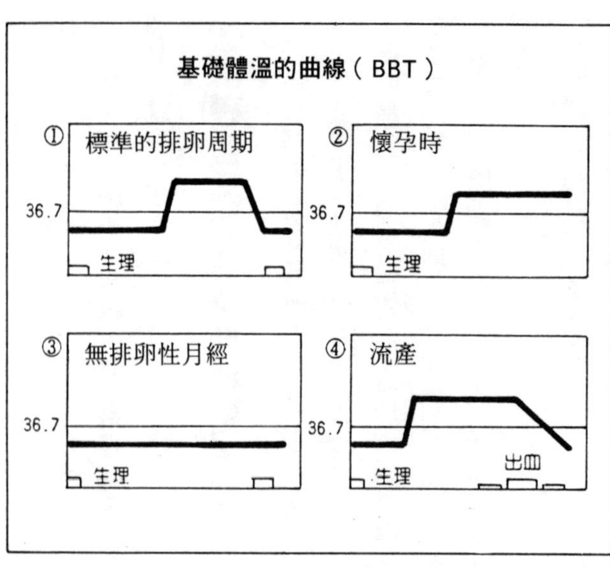

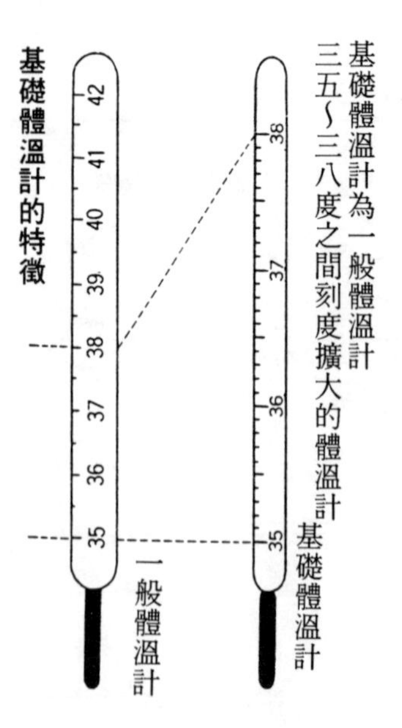

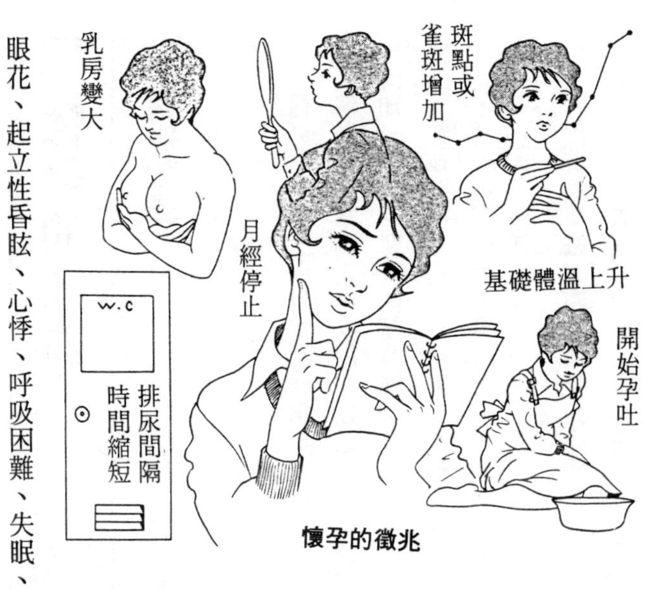

懷孕的徵兆

另一方面，基礎體溫也可以作為健康指標，因此最好養成按時測量的習慣。

④排尿期間接近

子宮增大壓迫到膀胱時，會使排尿期間接近。每一次的排尿量會較以前減少，但只要不會感覺疼痛，就不必擔心是膀胱炎。

⑤乳房增大

由於荷爾蒙旺盛的作用，會使乳房膨脹、乳頭變黑，有時還會感覺疼痛。

⑥其它徵兆

其它可能出現的徵兆，包括外陰部變黑、肌膚乾燥、濕疹、斑疹等皮膚變化，以及頭昏眼花、起立性昏眩、心悸、呼吸困難、失眠、倦怠等神經症狀。

懷孕的診斷

①醫師診斷

☆問　診

醫師診斷時，會針對必要事項進行詢問。為了幫助醫師掌握正確狀況，知道的部分要詳細告知，千萬不要覺得難為情。

・最後一次月經什麼時候來？持續幾天？
・月經周期最長，最短為幾天？通常為幾天？
・出現懷孕徵兆的時期及其症狀。
・有關過去是否曾經生產、流產、早產或

內　診
主要在檢查子宮的大小與變化。接受內診時，要儘可能保持輕鬆。

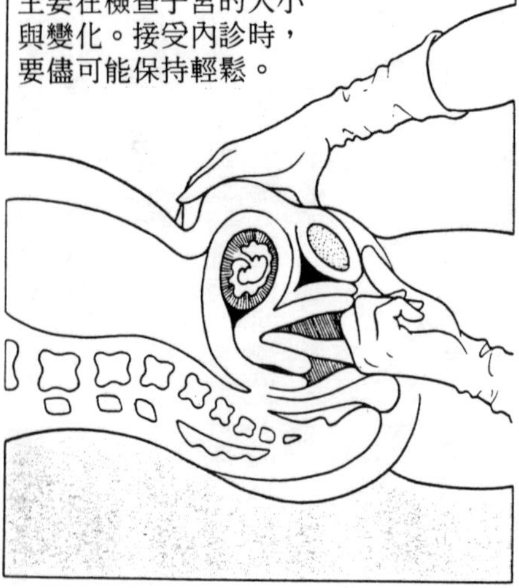

墮胎等各種問題。

・目前的健康狀態，過去的病歷、有無異常體質等問題。

・是否罹患任何遺傳性疾病（如色盲、癲癇、高血壓、糖尿病等）？

☆內　診

問診之餘，也會進行內診以瞭解子宮和陰道的狀態。方法是單手抵住下腹部，再用另一隻手的手指插入陰道內，檢查子宮的大小及變化。初次接受內診的女性，難免會比較緊張，但這時最重要的是放鬆心情接受檢查。

☆免疫學診斷法

懷孕二～三個月後，胎盤會分泌絨毛性促性腺激素荷爾蒙，並由腎臟排泄到尿中。將絨毛性促性腺激素與使用性腺刺激荷爾蒙的免疫動物血清混在一起調查其反應的方法，稱為免疫學診斷法。這項檢查只需三分鐘即可判定結果。

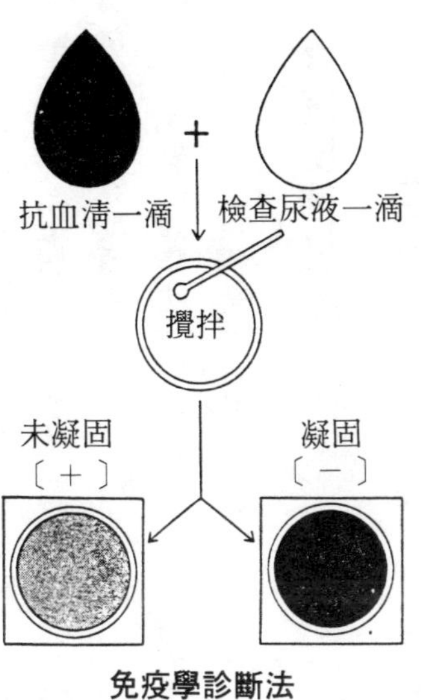

免疫學診斷法

如果懷孕，血清與荷爾蒙不會產生反應，亦即呈陽性反應。如果並未懷孕，則會產生反應而凝固。這個檢查的準確率將近九成，但是，如果月經只遲來一週，則即使已經懷孕，也可能呈陰性反應。

免疫學診斷法主要是調查尿中有無絨毛性促性腺激素，但如果出現異常懷孕（胞狀奇胎）或絨毛性上皮瘤等惡性腫瘤疾病，則會呈陽性反應。

☆佛里德曼反應

這是生物學上的妊娠診斷法。首先將妊娠尿液約一〇ml注射到雌兔耳朵的靜脈處，經過一～二天後進行剖腹，如果母兔卵巢的卵泡有出血現象、妊娠反應為陽性，即表示已經懷孕。根據統計，佛里德曼反應的準確率，並不亞於免疫學診斷法。

②初診的知識

☆決定醫院的重點

・選擇口碑好的醫師——有過生產經驗者的意見，可作為參考。選擇技術精良，具有醫德的醫師和護士，可使孕婦的精神保持穩定。

・**選擇距離住處較近的醫院**——為了方便定期檢診和檢查，最好選擇距離住處較近的醫院。這樣在遇到突發事故時，也可以儘早處理。總之，重點在於避免增加母體的負擔。

・**選擇綜合醫院或私人醫院較好呢？**——綜合醫院多半設有外科、內科和小兒科，設備和人員都很充足。但在另一方面，等待的時間可能會比較長，和醫師深入交談的機會也較少，甚至還可能經常變更主治醫師。

在這一點上，私人醫院從初診到生產都由同一位醫生負責，患者與醫師之間較容易建立關係，自然也較能安心。反之，私人醫院應付突發事故的能力較弱。值得慶幸的是，近來許多大型醫院，都和小型私人醫院建立了聯繫系統。因此，真正的重點在於要選擇一個能夠安心生產的醫院。

・**回鄉生產**——醫師和醫院一直到最後都不改變，是最為理想的。

如果一定要回娘家生產，則必須趕緊和醫師商量。回到故鄉時，別忘了要帶著前一位醫師的介紹信函。

☆初診的禮貌

・**電話預約**——初診應該在預定月經遲了二週以上時進行。之前要先打電話預約，確認就診時間。同時不要忘了一併帶著基礎體溫表供醫生作為參考。

・**穿著裙子**——上衣要選擇前開式的，下半身則穿著裙子較為方便。為了方便測量血壓，袖子也不能太緊。

・**上診察台的方法**

①先側坐在診察台上。

②轉過身體。

③雙腳踏在腳台上。

④保持相同姿勢仰躺。

③定期檢診

為了保護母體和胎兒，定期診察和檢查是不可或缺的。檢查的結果，可以填入母子健康手冊中。

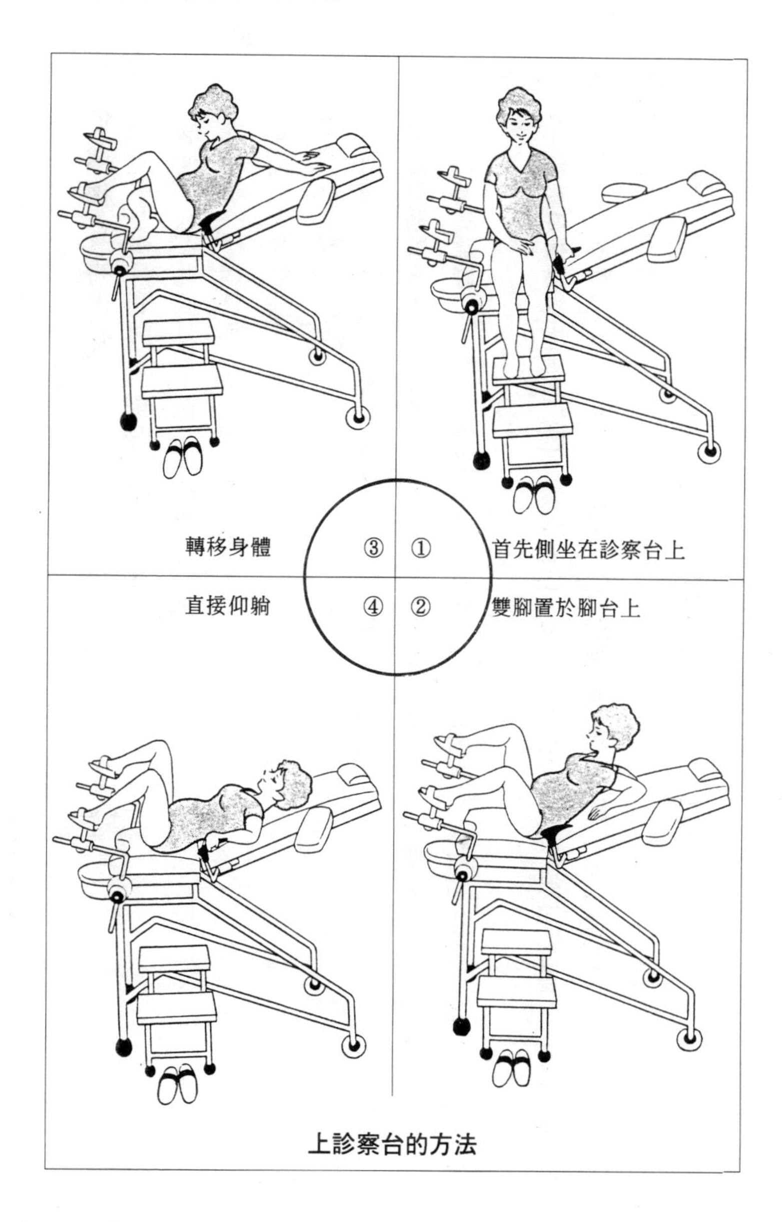

上診察台的方法

☆定期檢診的次數

①懷孕七個月之前——每四週檢查一次。
②懷孕八～九個月——每二週檢查一次。
③懷孕一〇個月——每一週檢查一次。

原則上大致如此。

☆胎兒的診察

經由內診與外診，診察子宮大小，胎兒狀態或位置等。

①**多普勒裝置**——聆聽胎音（心臟聲音）的超音波裝置。從懷孕五個月開始使用。
②**特勞貝裝置**——在懷孕後半期時，將稱為特勞貝的喇叭狀筒貼在腹壁聆聽胎兒的心跳聲。
③**超音波掃瞄法**——利用超音波掃瞄法，可以在懷孕九週以後得知胎兒的生死，胎兒的發育、數目（多胎妊娠）及胎盤的位置（前置胎盤或胞狀奇胎）等各種情報。

☆母體的診察

測量腹圍及子宮底，瞭解是否配合胎兒的發育及妊娠月數。

特勞貝裝置診察

用喇叭狀的聽筒
抵住腹部聆聽胎
兒的心音

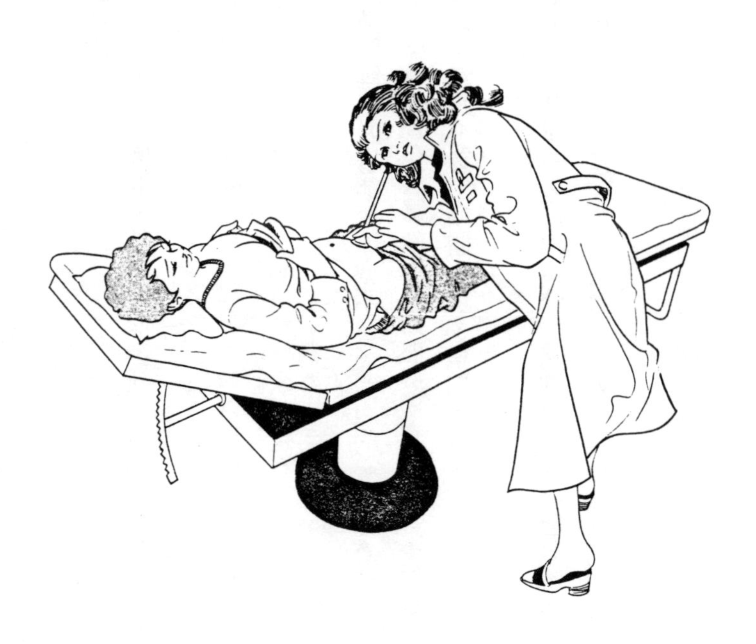

・孕婦必須接受的檢查

(1)測量體重——體重急速增加，是水腫的前兆。必須遵從醫師指示，限制鹽分與水分的攝取。

(2)測量血壓——懷孕期間最高血壓一三〇，最低血壓七〇為正常情形。在測量體重時一併測量血壓，有助於早期發現妊娠中毒症。

(3)血型檢查——不只是孕婦，最好連丈夫也一起接受檢查。一般常用的是ABO式與Rh式二種檢查。這是瞭解輸血事態與血型不合等問題的必要檢查。

(4)梅毒檢查——這是調查有無感染梅毒的血液檢查。梅毒不但會導致流產、早產，還可能生下先天性梅毒兒。因此，必須早期發現，早期治療，才能生下健康的嬰兒。而基於母子健康法，這是一項義務檢查。

(5)貧血檢查——孕婦貧血的比例相當高，原因主要在於鐵分不足。原本，孕婦必須將充分的氧經由血液送給胎兒。但是當體內的水分太多時，血液隨之變得稀薄，結果就會缺乏鐵和蛋白質。

一般在懷孕初期，必須檢查紅血球、白血球的數目及血色素的量。而在懷孕期間，則至

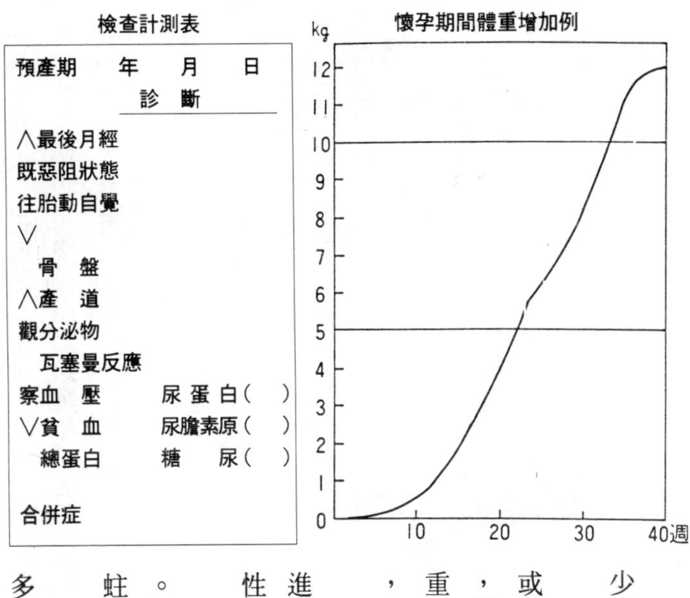

少必須檢查一次。

(6)**尿液檢查**——調查尿中有沒有出現蛋白或糖分。如果出現糖分，就必須進行血糖檢查，以便瞭解是否罹患糖尿病。總之，和測量體重、血壓一樣，在定期檢診時也必須檢查尿液，才能及早發現妊娠中毒症或糖尿病。

為求準確，必須在飯後過了二小時以上才進行檢查。在檢查的前一天，必須避免吃刺激性較強的食物或飲料。

(7)**牙齒檢查**——最好在懷孕前就接受檢查。因為，懷孕可能會導致牙質變差或容易形成蛀牙。

臨盆在即卻因牙痛而苦不堪言的例子相當多。另外，當然還必須注意保持口腔的清潔，並儘量攝取富含鈣質的牛奶、小魚等食品。

懷孕期間必須將情形告知醫師，選擇體調較為穩定的懷孕中期去看牙醫。

此外，切記絕對不可任意服用止痛藥。

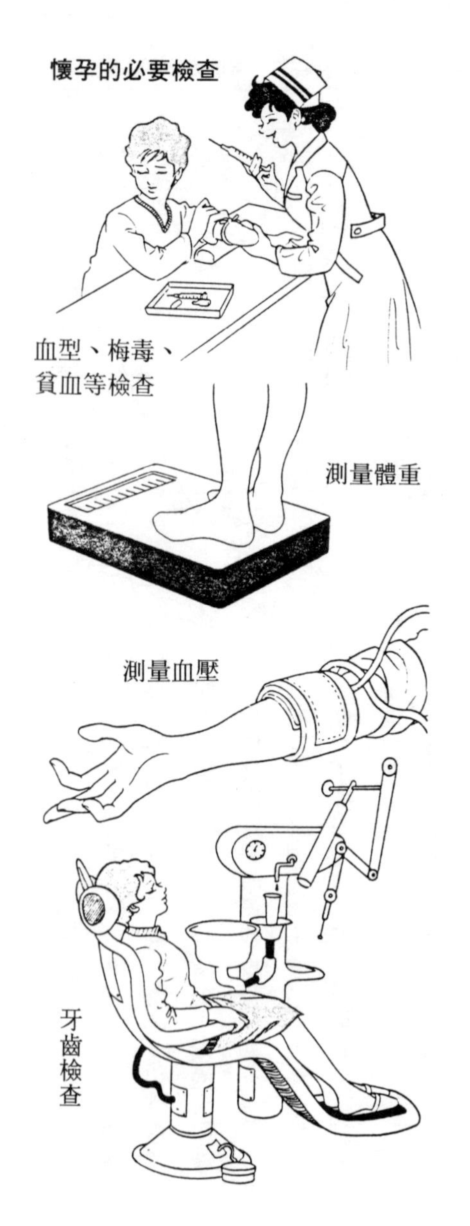

・特別檢查

需要進一步診斷時，必須進行以下的檢查。

(1)心電圖檢查——罹患心臟疾病時。

(2)肝功能檢查——肝臟不好的人或孕吐嚴重的孕婦。

(3)x光檢查——懷孕初期最好避免接受x光檢查。本身是肺結核患者或家中有人罹患結核疾病時，最好在懷孕前或懷孕五個月後再進行x光檢查。一般來說，有月經期間檢查最為安全。但因與孕婦的母體有關，所以在萬不得已時，還是必須接受檢查。換言之，是否接受x光檢查，應該視實際需要而定。

(4)胎盤機能檢查——過了預產期仍然沒有生產的徵兆時。

(5)血液抗體價測定檢查——為避免Rh式血液不合所進行的檢查。

④懷孕月數與預產期

☆懷孕的一個月是以二八天來計算

坊間有懷孕天數是「十月加十日」的說法。事實上，懷孕期間平均為二八〇天。也就是從最後一次月經開始的第一天，往後算起二八〇天。不過，有九成左右的嬰兒，會在第二六六日～第二九四日之間出生，而其中間值為二八〇日。為了方便起見，一般將其分為十等分，以四週（二八天）為懷孕一個月來計算。

如果以陽曆來計算，通常為九個月又七天。

☆何謂妊娠週？

目前世界通用的計算法，是以滿妊娠週的方式來計算。

想要知道妊娠月數時，只要將妊娠週除以4，所得的整數再加1即可。

☆預產期的計算

只要將最後月經的月數加上「九」，日數加上「七」，就可以輕易計算出來了。

例如，最後一次月經是從二月三日開始的，則：

2＋9＝11

3＋7＝10

預產期即為十一月十日。

當預產期超過預定日的日數時，只有超過的部分計算到下一個月。至於預定月數，也是以同樣的方式來計算。

由於預產期並未考慮到個人的月經週期或排卵日，只是以最後月經開始的第一天為基準所計算出來，因此並不是非常準確。通常，在其前後二週以內都有可能生下嬰兒。

懷孕月數・懷孕週數對照表（最後一次月經開始的第一天＝〇日（滿計算）　預產期＝四〇週（滿計算））

懷孕月數	懷孕週		以往的稱呼法	近年的稱呼法
虛　計	滿	虛　計		
☆從最後一次月經開始的第一天算起 **懷孕第一個月**（第1月）	0　週	1　週	流產	0～6
	1　週	2　週		7～13
	2　週	3　週		14～20
	3　週	4　週		21～27
懷孕第二個月（第2月）	4　週	5　週		28～34
	5　週	6　週		35～41
	6　週	7　週		42～48
	7　週	8　週		49～55
懷孕第三個月（第3月）	8　週	9　週		56～62
	9　週	10　週		流產
	10　週	11　週		
	11　週	12　週		
懷孕第四個月（第4月）	12　週	13　週		
	13　週	14　週		
	14　週	15　週		
	15　週	16　週		
懷孕第五個月（第5月）	16　週	17　週		
	17　週	18　週		
	18　週	19　週		
	19　週	20　週		
懷孕第六個月（第6月）	20　週	21　週		
	21　週	22　週		
	22　週	23　週		
	23　週	24　週		
懷孕第七個月（第7月）	24　週	25　週		早期產
	25　週	26　週		
	26　週	27　週		
	27　週	28　週		
懷孕第八個月（第8月）	28　週	29　週	早產	
	29　週	30　週		
	30　週	31　週		
	31　週	32　週		
懷孕第九個月（第9月）	32　週	33　週		
	33　週	34　週		
	34　週	35　週		
	35　週	36　週		
懷孕第十個月（第10月）	36　週	37　週		
	37　週	38　週		正期產
	38　週	39　週	滿期產	
	39　週	40　週		
預產期→	40　週	41　週		
	41　週	42　週		
	42　週	43　週	晚期產	過期產
	43　週	44　週		
	44　週	45　週		

預產期速見表

●表的看法…從表示最後一次月經開始的第一天的右行，直接看向左行的數字，即為預產期（本表是以二十八天的月經周期為基準推算出來的）。

最後月經第1日 1月	預產期 10月	最後月經第1日 2月	預產期 11月	最後月經第1日 3月	預產期 12月	最後月經第1日 4月	預產期 1月
1	8	1	8	1	6	1	6
2	9	2	9	2	7	2	7
3	10	3	10	3	8	3	8
4	11	4	11	4	9	4	9
5	12	5	12	5	10	5	10
6	13	6	13	6	11	6	11
7	14	7	14	7	12	7	12
8	15	8	15	8	13	8	13
9	16	9	16	9	14	9	14
10	17	10	17	10	15	10	15
11	18	11	18	11	16	11	16
12	19	12	19	12	17	12	17
13	20	13	20	13	18	13	18
14	21	14	21	14	19	14	19
15	22	15	22	15	20	15	20
16	23	16	23	16	21	16	21
17	24	17	24	17	22	17	22
18	25	18	25	18	23	18	23
19	26	19	26	19	24	19	24
20	27	20	27	20	25	20	25
21	28	21	28	21	26	21	26
22	29	22	29	22	27	22	27
23	30	23	30	23	28	23	28
24	31	24	12月 1	24	29	24	29
25	11月 1	25	2	25	30	25	30
26	2	26	3	26	31	26	31
27	3	27	4	27	1月 1	27	2月 1
28	4	28	5	28	2	28	2
29	5			29	3	29	3
30	6			30	4	30	4
31	7			31	5		

最後月經第1日 5月	預產期 2月	最後月經第1日 6月	預產期 3月	最後月經第1日 7月	預產期 4月	最後月經第1日 8月	預產期 5月
1	5	1	8	1	7	1	8
2	6	2	9	2	8	2	9
3	7	3	10	3	9	3	10
4	8	4	11	4	10	4	11
5	9	5	12	5	11	5	12
6	10	6	13	6	12	6	13
7	11	7	14	7	13	7	14
8	12	8	15	8	14	8	15
9	13	9	16	9	15	9	16
10	14	10	17	10	16	10	17
11	15	11	18	11	17	11	18
12	16	12	19	12	18	12	19
13	17	13	20	13	19	13	20
14	18	14	21	14	20	14	21
15	19	15	22	15	21	15	22
16	20	16	23	16	22	16	23
17	21	17	24	17	23	17	24
18	22	18	25	18	24	18	25
19	23	19	26	19	25	19	26
20	24	20	27	20	26	20	27
21	25	21	28	21	27	21	28
22	26	22	29	22	28	22	29
23	27	23	30	23	29	23	30
24	28	24	31	24	30	24	31
25	3月 1	25	4月 1	25	5月 1	25	6月 1
26	2	26	2	26	2	26	2
27	3	27	3	27	3	27	3
28	4	28	4	28	4	28	4
29	5	29	5	29	5	29	5
30	6	30	6	30	6	30	6
31	7			31	7	31	7

最後月經第1日 9月	預產期 6月	最後月經第1日 10月	預產期 7月	最後月經第1日 11月	預產期 8月	最後月經第1日 12月	預產期 9月
1	8	1	8	1	8	1	7
2	9	2	9	2	9	2	8
3	10	3	10	3	10	3	9
4	11	4	11	4	11	4	10
5	12	5	12	5	12	5	11
6	13	6	13	6	13	6	12
7	14	7	14	7	14	7	13
8	15	8	15	8	15	8	14
9	16	9	16	9	16	9	15
10	17	10	17	10	17	10	16
11	18	11	18	11	18	11	17
12	19	12	19	12	19	12	18
13	20	13	20	13	20	13	19
14	21	14	21	14	21	14	20
15	22	15	22	15	22	15	21
16	23	16	23	16	23	16	22
17	24	17	24	17	24	17	23
18	25	18	25	18	25	18	24
19	26	19	26	19	26	19	25
20	27	20	27	20	27	20	26
21	28	21	28	21	28	21	27
22	29	22	29	22	29	22	28
23	30	23	30	23	30	23	29
24	7月 1	24	31	24	31	24	30
25	2	25	8月 1	25	9月 1	25	10月 1
26	3	26	2	26	2	26	2
27	4	27	3	27	3	27	3
28	5	28	4	28	4	28	4
29	6	29	5	29	5	29	5
30	7	30	6	30	6	30	6
		31	7			31	7

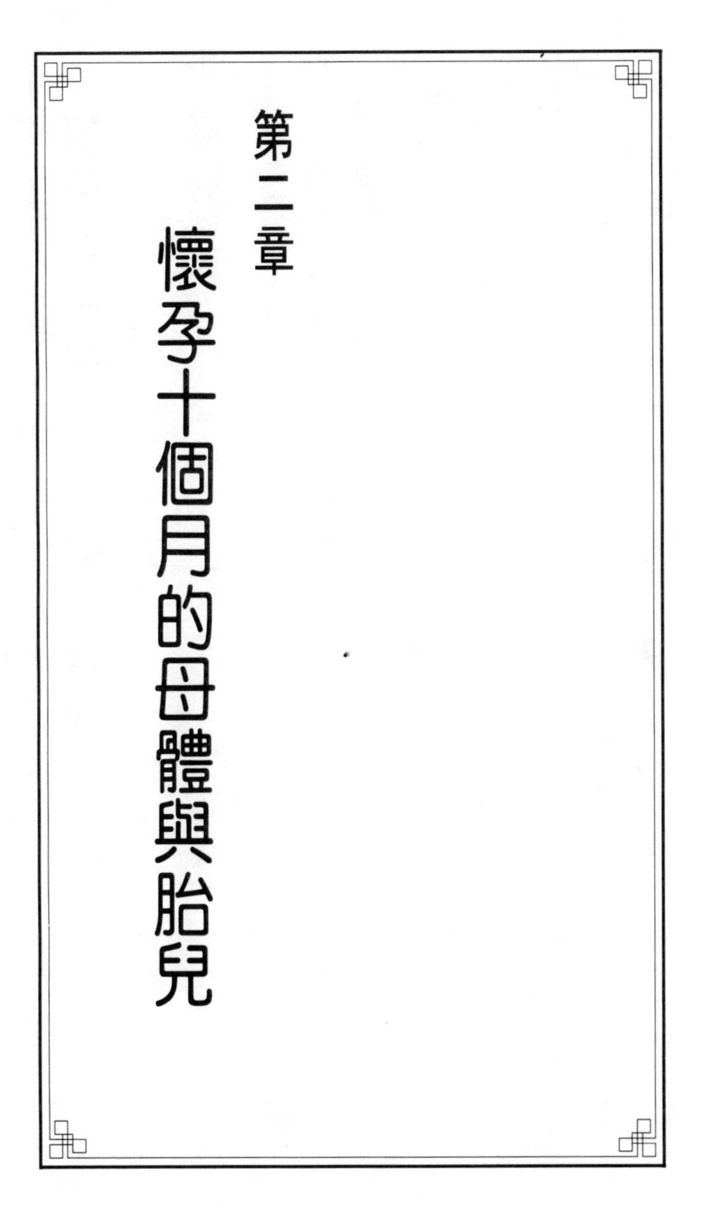

第二章　懷孕十個月的母體與胎兒

懷孕第一個月（〇～四週）

①母體的狀況

妊娠月數從最後月經的第一天開始算起，這在前面已經說明過了。因此，在懷孕的第一個月，母體本身不會出現什麼明顯的變化。

通常很難察覺。等到察覺懷孕，多半是月經停止、懷孕二個月以後的事了。

在這個時期，子宮的大小和硬度，與正常時幾乎完全相同。

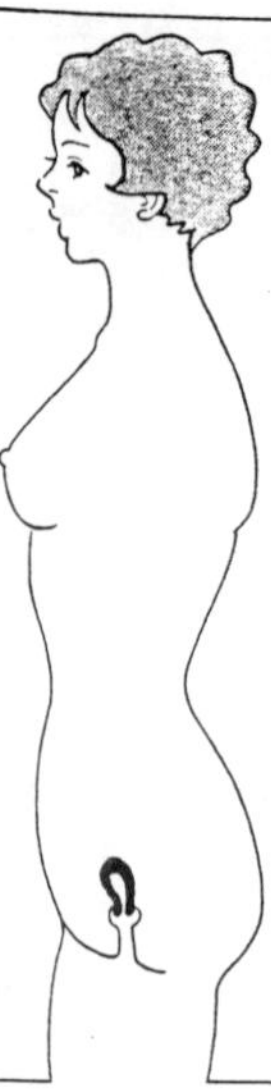

胎兒的身高＝約〇・七㎝　體重＝約一g
全卵的大小＝如鴿子蛋一般大

②胎兒的發育

・大小——在第一個月末時，受精卵的大小如鴿子蛋一般，胎兒的身高為〇・七公分，體重只有大約一公克而已。

・**鰓和尾**——與全身相比頭較大，頸部尚未形成，因此頭直接連著軀幹，甚至還有鰓及長尾巴，看起來彷彿「龍的孩子」似的。另外，手腳會出現鰭狀隆起，眼鼻等則還不太明顯。

・**胎芽**——這個時期的胎兒，稱為「胎芽」。胎芽為絨毛所覆蓋。絨毛在子宮內膜吸收來自母體的營養、孕育胎芽。

③當月注意事項

・**基礎體溫的測量**——一旦懷孕，會持續出現體溫稍高的現象。很多女性因為沒有想到可能是發燒，於是自行服用退燒藥。為了避免這種情形，最好平常就測量基礎體溫，進行有計劃的懷孕。

在計劃懷孕的這一個月，要特別注意自己的健康狀態和日常生活，千萬不可任意服藥或接受X光檢查。

健全的生產，始於有計劃的懷孕

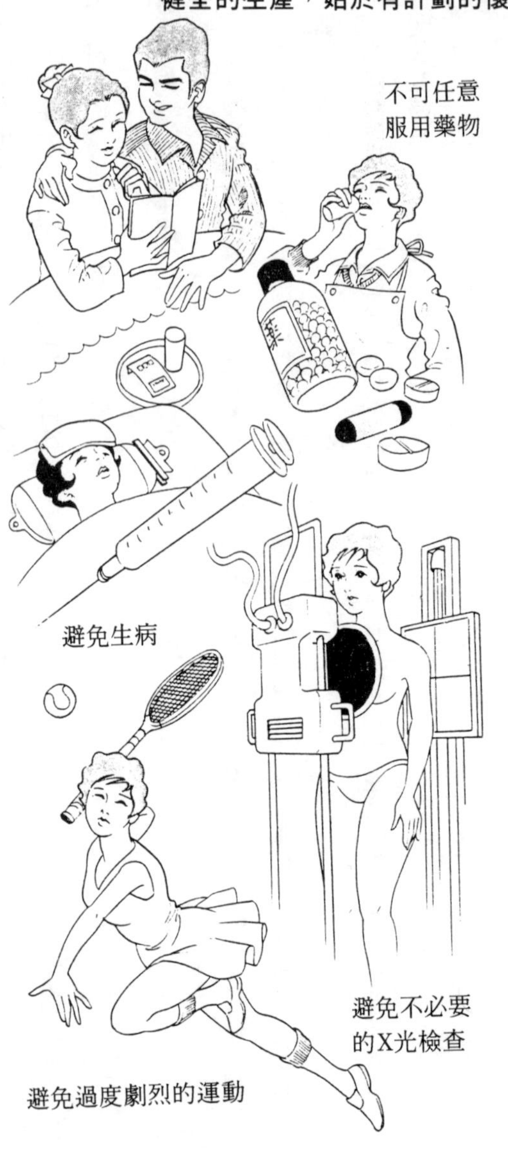

懷孕第二個月（五～八週）

①母體的狀況

・**月經遲來**——大多數婦女都是等到月經比往常遲來，才開始懷疑自己可能已經懷孕了。不過因人而異，有的人仍會有少量出血的現象。

・**孕吐**——會出現早起或空腹時感覺胃不舒服、不斷形成唾液或心情不好等症狀。根據統計，會出現孕吐症狀的孕婦，約占六成左右。所幸，孕吐症狀通常在三～四個月時就會消失。

胎兒的身高＝約三cm

子宮的大小＝如鴨蛋一般大

此外，對食物的喜好也會改變，尤其喜歡吃酸的東西。

食慾方面，通常都會減退，但有時也會相反地變得極為旺盛。

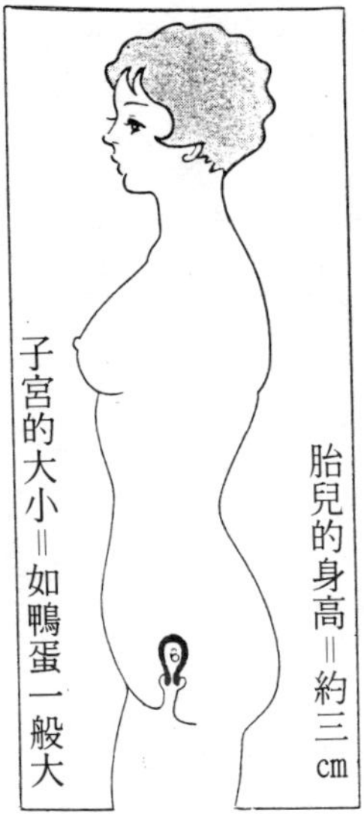

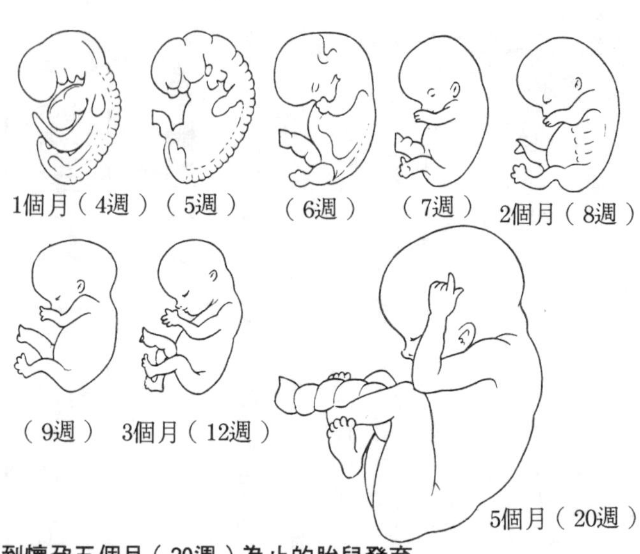

到懷孕五個月（20週）為止的胎兒發育

・**基礎體溫上升**——如果平時就有記錄基礎體溫的習慣，將會發現持續出現高溫期。

・**乳房的變化**——乳頭及其周圍色澤變黑且變得極為敏感。此外，乳房也從這個時候開始變大。

・**陰道內的變化**——陰道內的溫度比平常更高，分泌物也告增加。

・**子宮的大小**——變得如鴨蛋般大且有點柔軟。

②胎兒的發育

・**大小**——身高約三公分左右。

・**具有人類的外觀**——鰓消失、尾巴變短，呈現出像人類的姿態。頸部已經成形，耳、

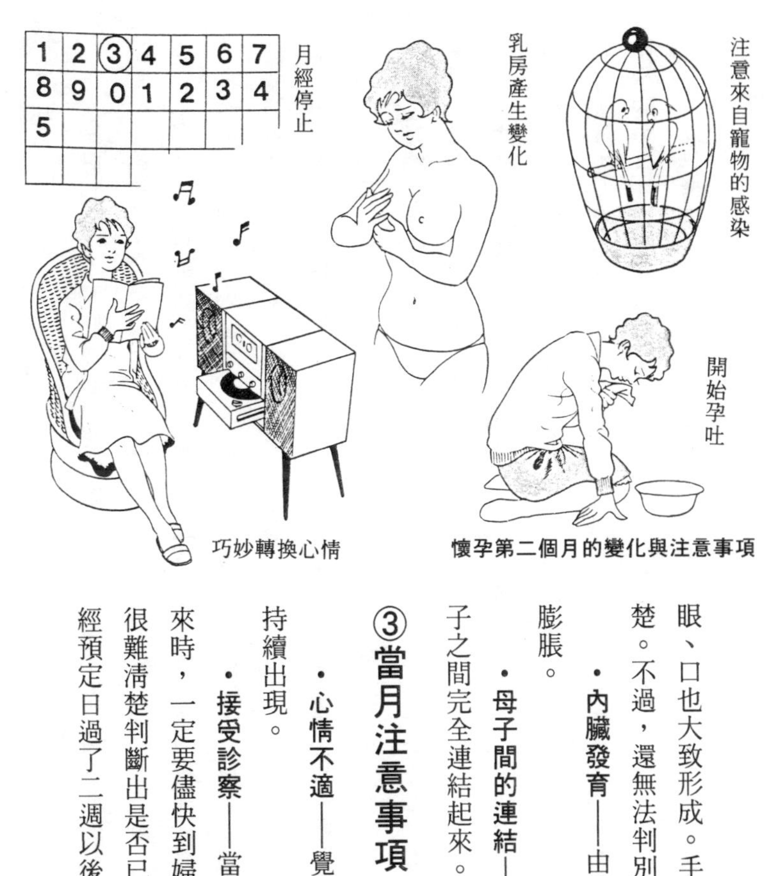

懷孕第二個月的變化與注意事項

眼、口也大致形成。手腳雖短，形狀卻非常清楚。不過，還無法判別是男是女。

・**內臟發育**——由於肝臟發育緣故，腹部膨脹。

・**母子間的連結**——絨毛旺盛增殖，使母子之間完全連結起來。

③當月注意事項

・**心情不適**——覺得焦躁、頭痛的日子會持續出現。

・**接受診察**——當月經並未在預定日期到來時，一定要儘快到婦產科接受檢查。但有時很難清楚判斷出是否已經懷孕，因此最好在月經預定日過了二週以後再去檢查。

・**孕吐對策**——孕吐症狀及程度因人而異各有不同。一般的症狀包括：①改變對食物的喜好；②食慾不振；③噁心、嘔吐；④有便秘傾向。

不過孕吐只是暫時的。為免對精神造成不良影響，應儘量保持身心安靜、不要太過在意，當然也可以利用散步等方式轉換心情。另外，就算吃不多也不要緊，只要吃自己想吃、比較清淡的食物或水果、果汁等就行了。

・**慎重的生活態度**——懷孕二、三個月時，母體在精神和肉體方面都呈現不穩定的狀態，因此是最容易流產的時期。為免發生意外，即使是一些平常的動作，也必須格外注意。

・**寵物對策**——貓狗等寵物身上，可能會有弓形蟲等寄生蟲。這類寄生蟲會對胎兒造成不良的影響，所以一定要避免用嘴巴餵食寵物。

・**注意德國麻疹**、**流行性感冒**——一旦在懷孕三個月以前感染德國麻疹，生下畸形兒的機率高達二〇～六〇％。此外，流行性感冒的病毒，也是造成流產的原因之一。萬一運氣不好罹患了這些疾病，一定要立刻去看醫師，接受適當的處置。而當看內科或牙科時，也要將懷孕的事告知醫師。對於X光及藥物，更必須格外留意。

・**惡性遺傳**——擔心疾病或不良體質會遺傳的人，在懷孕初期要和醫師商量。

孕吐時，不想吃東西也不要緊，而吃得下的東西，應該以少量多餐的方式攝取。

懷孕第三個月（九～十二週）

①母體的狀況

・**子宮的大小**——大小如拳頭般大。因人而異，雖然只有一丁點大，卻會使下腹部略微膨脹。至於子宮，則會變得柔軟。

・**孕吐**——快的話，在這個月結束時就會覺得比較輕鬆了。

・**胎音**——利用胎兒心音檢測器可以聽見胎兒的心跳聲音。

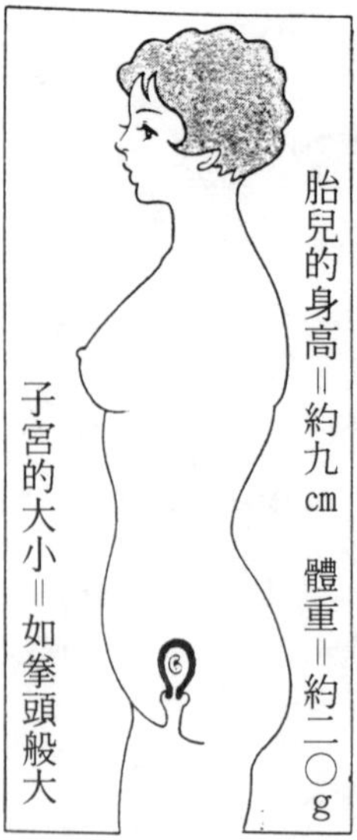

胎兒的身高＝約九cm　體重＝約二〇g

子宮的大小＝如拳頭般大

②胎兒的發育

大小——身高約九公分、體重約二〇公克。尾巴消失，呈現人類的外型。

・**男女的區別**——到了三個月末，由於內部生殖器的分化已經相當進步，外陰部極為清晰，因此能夠分辨性別。

・**透明的皮膚**——皮下血管及內臟清晰可見。

③當月注意事項

・**診察・檢查**——首先要接受診斷，確定是否已經懷孕。而有關懷孕的各項檢查，均必須在這個月內進行。必要的檢查包括測量血壓、貧血檢查、梅毒血清反應、胸部X光檢查、尿液檢查及血型檢查等。

・**母子健康手冊**——母子健康手冊可向各地衛生所索取。在定期檢診時，別忘了一併帶去供醫師作為參考。關於定期檢診，在懷孕七個月前，應每四週檢查一次。

・**疾病注意事項**——懷孕三個月時，仍然必須注意流行性感冒，或德國痳疹等病毒性疾病、照射X光或服用藥物。

・**異常出血**——出現異常出血或下腹劇烈疼痛且伴隨出血等症狀時，表示有子宮外孕或流產的危險，必須立即就醫。

懷孕第三個月的生活與注意事項

身體倦感，分泌物增加

接受有關懷孕的各項檢查

領取母子健康手冊

注意流產

預約生產醫院

懷孕第四個月（十三～十六週）

①母體的狀況

・**子宮的大小**——大小如嬰兒的頭部。把手放在恥骨上方，就能知道子宮的位置。此外，也可感覺到下腹部膨脹。

・**胎盤完成**——胎兒藉著臍帶與胎盤相連，漂浮在羊水中。

・**腰痛**——由於骨盤稍稍擴張的緣故，腰部會感覺沈重、疼痛。

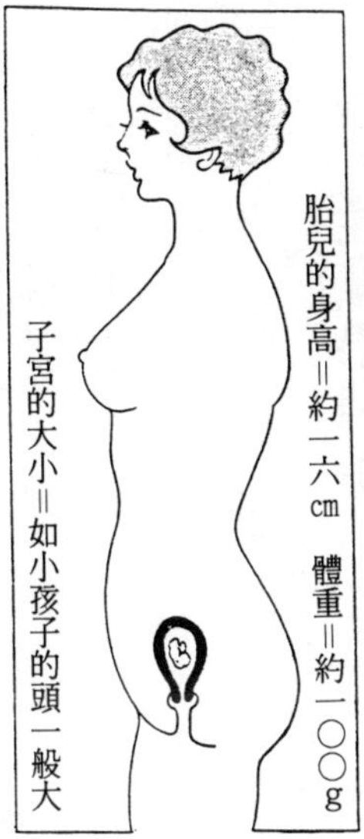

胎兒的身高＝約一六cm　體重＝約一〇〇g

子宮的大小＝如小孩子的頭一般大

②胎兒的發育

・**大小**——身高約十六公分，體重約一〇〇公克。

・**皮膚**——紅色增加而變得不透明，但仍然可以透視皮下血管。

・**胎毛**——在皮膚，尤其是臉上長出細毛（胎毛）。但因尚未長出頭髮和髮際，故與臉部的界線不明。

・**胎動**——肌肉活動開始，孕婦可以感覺到胎兒在動。

③當月注意事項

・**運動與營養**——因為胎盤已經完成，故不容易流產。此外，孕吐停止，所以食慾增加。除了多散步活動身體以外，攝取營養均衡的飲食也很重要。一般來說，熱量可以提升五％。

・**保持身體清潔**——因為分泌物增多，外陰部潮濕，容易骯髒，因此要隨時保持身體清潔，並勤於更換內褲。如果泡澡，一定要使用乾淨的水。

・**性生活**——子宮增大的結果，使得外陰部和陰道很容易受傷。應避免採用勉強的體位腹部造成壓迫，同時還要避免強烈的刺激。

懷孕第四個月的生活與注意事項

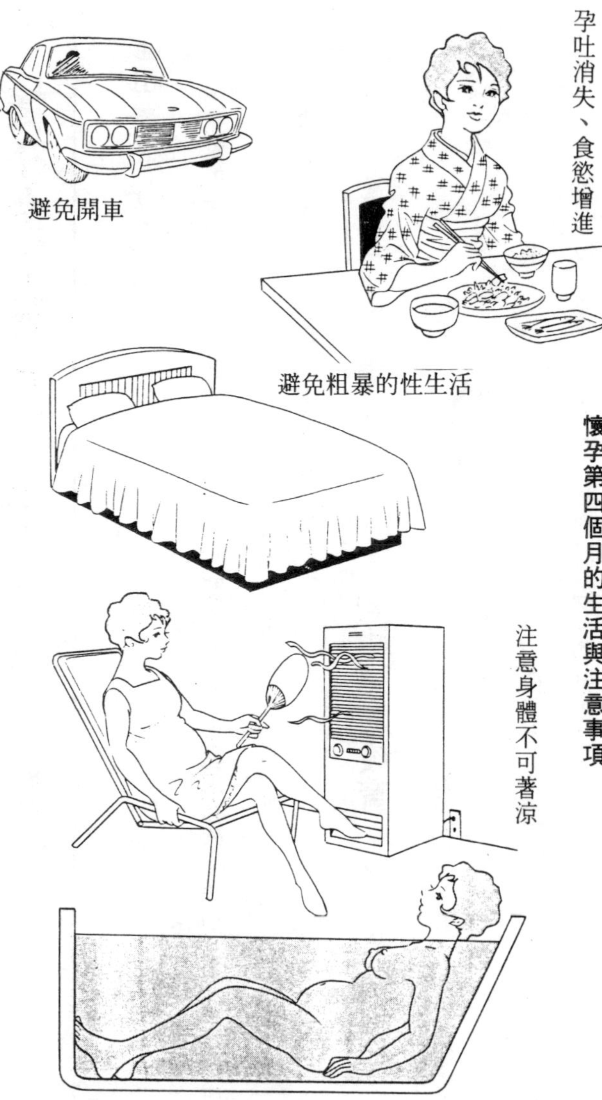

分泌物較多，要注意保持身體和內衣褲的清潔

懷孕第五個月（十七～二〇週）

①母體的狀況

・子宮的大小——大小如成人的頭部，腹部明顯膨脹，乳房亦然，整個身體開始變得沈重。

・食慾增進——食慾增加，身體狀況良好。

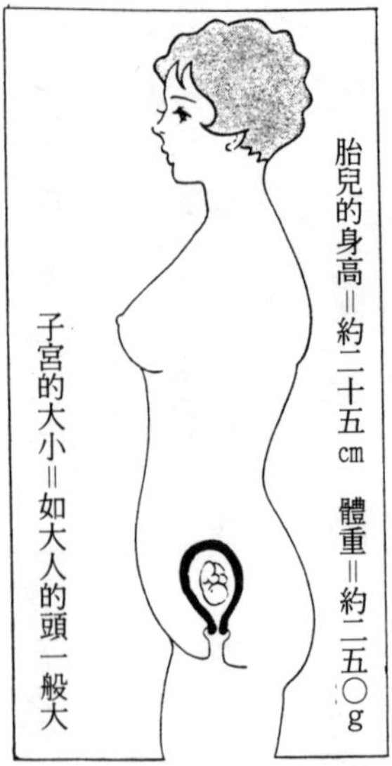

胎兒的身高＝約二十五cm　體重＝約二五〇g

子宮的大小＝如大人的頭一般大

②胎兒的發育

・大小——身高約二十五公分，體重約二五〇公克。

・頭部——如雞蛋般大，占全身的三分之一。腹部縮小。

- **皮膚**——略帶紅色，因脂肪沈著而變得不透明，但還沒有膨脹的感覺。
- **胎毛**——全身密佈胎毛，頭部方面頭髮長出，可以看見髮際。此外，指甲開始生長，

懷孕第五個月的生活與注意事項

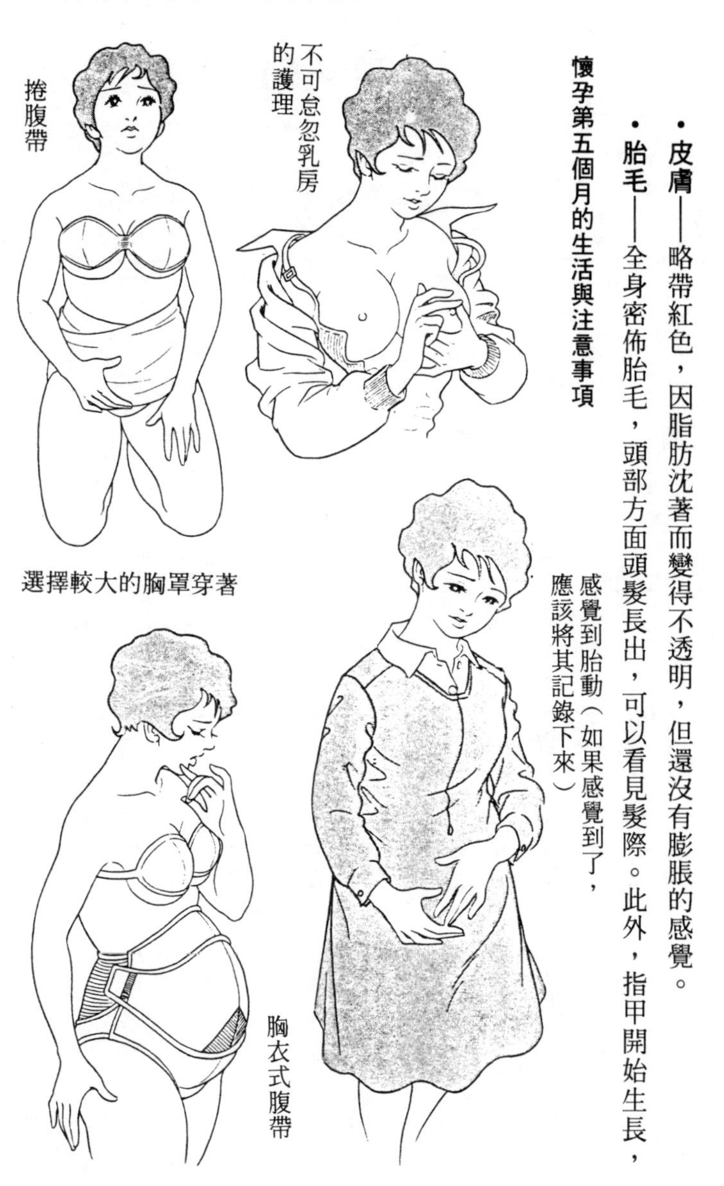

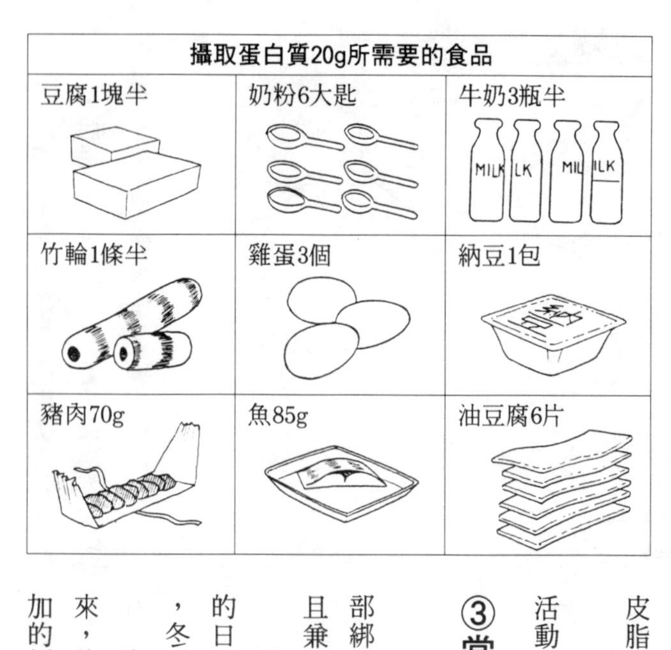

攝取蛋白質20g所需要的食品		
豆腐1塊半	奶粉6大匙	牛奶3瓶半
竹輪1條半	雞蛋3個	納豆1包
豬肉70g	魚85g	油豆腐6片

皮脂腺也開始分泌。

・**胎動**——孕婦可以清楚地感覺到胎兒的活動。

③當月的注意事項

・**著帶**——懷孕進入第五個月後，可在腹部綁上腹帶。從醫學觀點來看，這是保護腹部且兼具保溫作用的最佳方法。

開始綁腹帶的時期，不一定要選某個特別的日子，也不一定非得到第五個月不可。例如，冬天可以早點綁，夏天則不妨晚點再綁。

決定綁腹帶以後，可請護士從旁指導。近來，使用胸衣或腹捲式腹帶的孕婦，有逐年增加的傾向。

有關不綁腹帶會使「嬰兒變大」或「位置不對」的說法，其實只是一種迷信。

・**更換大胸罩**——隨著乳房增大，必須更換適合乳房尺寸的胸罩。

・**乳房的護理**——用橄欖油或冷霜塗抹乳頭，然後輕輕拉扯。此外，沐浴時也要輕輕按摩乳房。

・**補充營養**——這是屬於異常較少的安定期。先前為食慾不振煩惱的人，可利用這個時期充分攝取均衡營養，以重建體力。

・**蛀牙的治療**——懷孕期間特別容易罹患蛀牙。對於蛀牙，應選擇體調比較穩定的妊娠中期進行治療。切記一定要遵照醫師的指示，千萬不可自己任意服用止痛藥。

懷孕第六個月（二十一～二十四週）

①母體的狀況

・**子宮底的高度**——從這個月開始，子宮的大小改以子宮底的高度來表示。所謂子宮底的高度，就是仰躺時，由恥骨結合中央上緣到子宮頂點（子宮底）的高度。直到這個月末為止，子宮底的高度為十八～二〇cm。

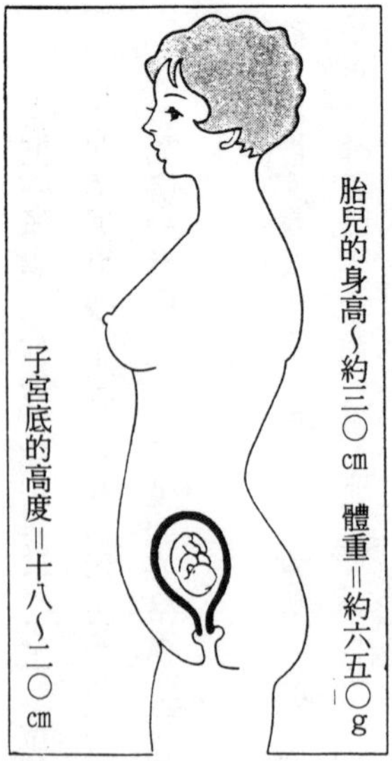

胎兒的身高～約三〇cm　體重＝約六五〇g

子宮底的高度＝十八～二〇cm

・**體重增加**——體重較懷孕前增加五～六kg，全身有皮下脂肪附著。

・**胎動**——即使頭一胎，通常在懷孕第六個月時也會感覺到胎動。如果在這個月終了仍未感覺到胎動，即為異常現象，必須立刻接受診察。

・**靜脈瘤**——大腿部、小腿肚、外陰部等處的靜脈，會發青、膨脹。這是由於子宮增大、下肢血液很難回到心臟所致。預防的方法，是避免長時間站立，並在休息時把腳抬高。

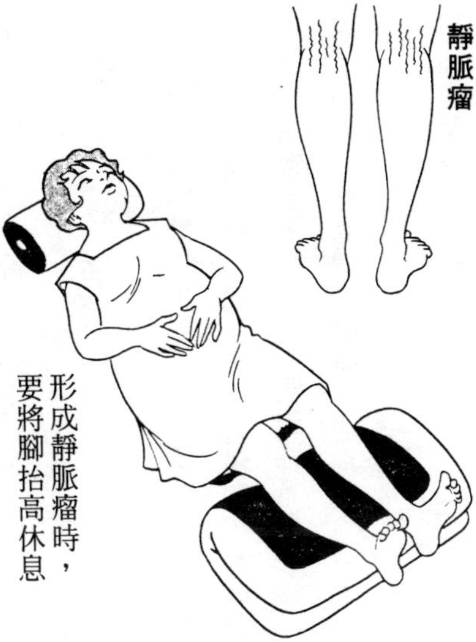

靜脈瘤

形成靜脈瘤時，要將腳抬高休息

②胎兒的發育

・**大小**——身高約三十公分，體重約六五〇公克。

・**均勻的體格**——但皮下脂肪較少、較瘦。

・**胎脂**——皮膚開始附著胎脂（白色分泌物）。這是由脫落的上皮與皮脂腺所分泌的皮脂混合而成的物質。

・**頭髮與眼睛**——頭髮分明，開始長出睫毛和眉毛，並形成眼瞼。

・**胎兒的位置**——胎兒浮於子宮內的羊水中。與羊水的量相比，身體還很小，因此會不時變動姿勢，甚至會呈現倒產的位置。不過在第七個月終了之前，大多會自然恢復為正常位置。

③當月注意事項

懷孕後半期的出血——從懷孕中期到後期的出血，可能是流產、早產、前置胎盤、正常位胎盤早期剝離所致，必須儘快和醫師商量。

・**體重急增**——需定期測量體重。在正常的情況下，一週體重會增加三五〇～四〇〇公克。因此，一旦體重急遽增加八〇〇公克以上或出現浮腫現象，有可能是妊娠中毒症，必須多加注意。

・**尿液或血壓出現異常**——蛋白尿和高血壓是妊娠中毒症的危險信號。一旦出現異常現象，必須立刻和醫師商量。

・**日常生活的注意事項**——因為腹部變大、身體的重心不穩，所以很容易跌倒。為免發生意外，外出時或家中容易滑跤的地方、上下樓梯均必須提高警覺。拿取放在高處的東西時，更要加倍小心。經常會用到的東西，最好放在方便取用的位置。

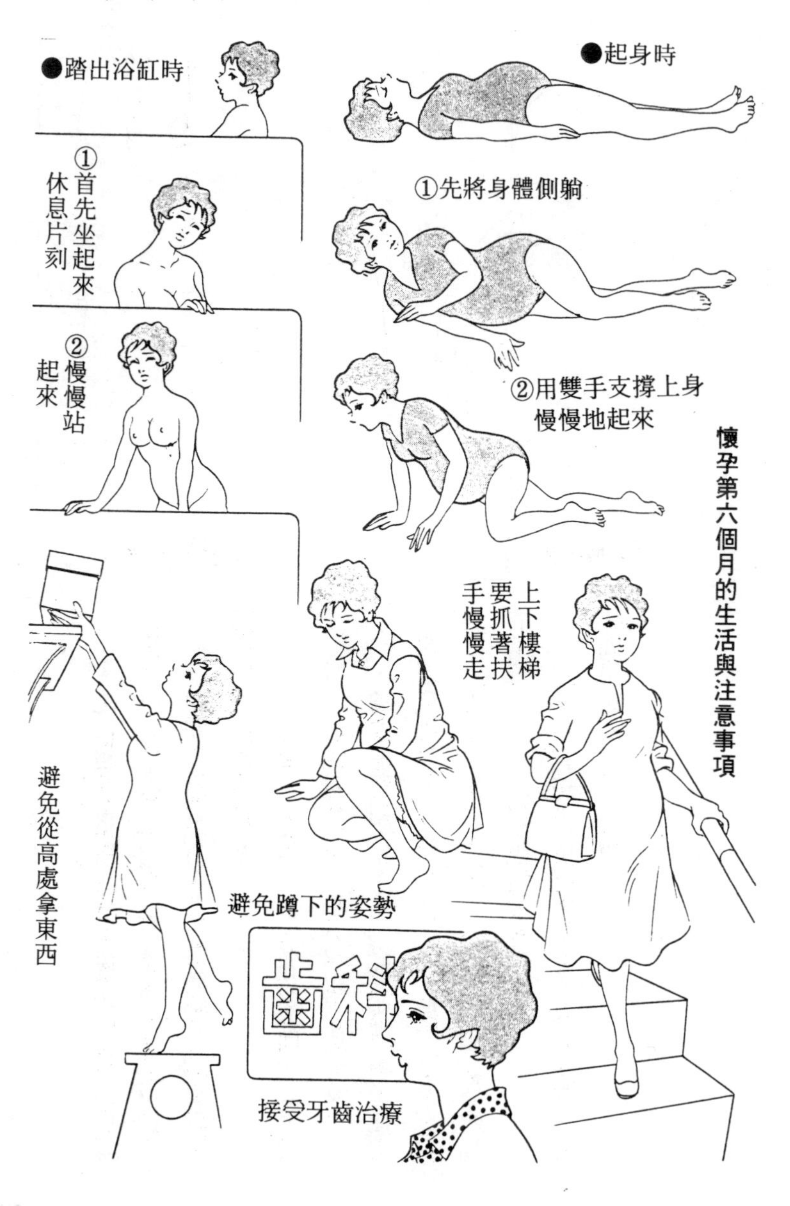
●踏出浴缸時
①首先坐起來休息片刻
②慢慢站起來
●起身時
①先將身體側躺
②用雙手支撐上身慢慢地起來
懷孕第六個月的生活與注意事項
上下樓梯要抓著扶手慢慢走
避免從高處拿東西
避免蹲下的姿勢
齒科
接受牙齒治療

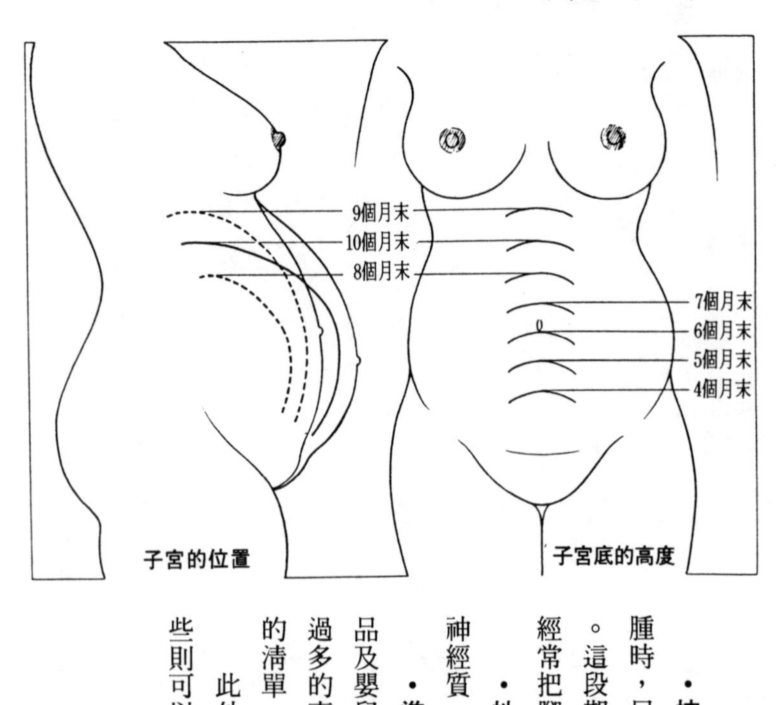

・**控制鹽分攝取**——當足脛出現輕微的浮腫時，只要尿液和血壓沒有異常，就不用擔心。這段期間最重要的，就是控制鹽分的攝取及經常把腳抬高使其充分休息。

・**性生活**——在懷孕前期和後期不必太過神經質，但應避免深度插入及粗暴的性交。

・**準備嬰兒用品**——可以開始準備生產用品及嬰兒用品。大部分在生頭一胎時，都會買過多的東西。如果可能，最好先列出必要物品的清單，以避免無端的浪費。

此外，有些東西可能來自朋友的餽贈，有些則可以向親友借用。

懷孕第七個月（二十五～二十八週）

①母體的狀況

・**子宮底的高度**——約二一～二三公分。採站立姿勢時，約為肚臍上方二橫指的高度。

・**下半身容易疲倦**——足、腰、背部很容易疲倦，血液循環也不順暢，因此會引起腰痛、痔瘡、頭昏眼花等症狀。必須彎腰進行的工作，最好在短時間內完成。如果出現頭昏眼花的症狀，應趕緊保持靜躺。此外，平時應儘量攝取營養豐富的食物。

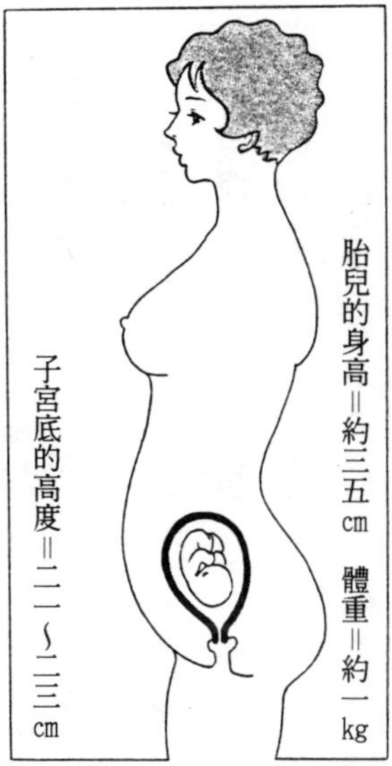

胎兒的身高＝約三五cm　體重＝約一kg
子宮底的高度＝二一～二三cm

・**活動困難**——不論是翻身或坐起，都會變得非常辛苦。再者，大腿根部及稍高處會抽筋，腰也會感覺疼痛。這是因為腹部變大、骨盤關節鬆弛所造成的。

②胎兒的發育

・**大小**——身高約三十五公分，體重約一公斤。
・**皮膚**——臉上的皺摺較多，看起來好像老人似的。頭髮的長度為○・五公分。
・**性別**——男孩的睪丸尚未下降到固定位置，女孩的陰核、小陰唇則已經突出。
・**早產兒**——在這個時期生下的嬰兒，呼吸急促、會發出輕微的呢喃，但卻不具有吸吮乳頭的力量。此外，體溫調節無法順暢進行，所以必須採取特別保育措施。當然，其生存的可能性也相對地降低。

③當月注意事項

・**雙胞胎與羊水過多症**——萬一這時腹部突然變大，就值得懷疑了。若是雙胞胎的情形，由子宮底及腹圍的測量值，即可約略得知。另外，也可能出現水腫或蛋白尿等現象。如果是羊水過多症，腹部與妊娠月數相比會異常增大，同時肺和心臟也會因受到壓迫而感覺痛苦。萬一無法分辨出是屬於哪一種狀況，則必須接受X光檢查。

懷孕第7個月的生活與注意事項

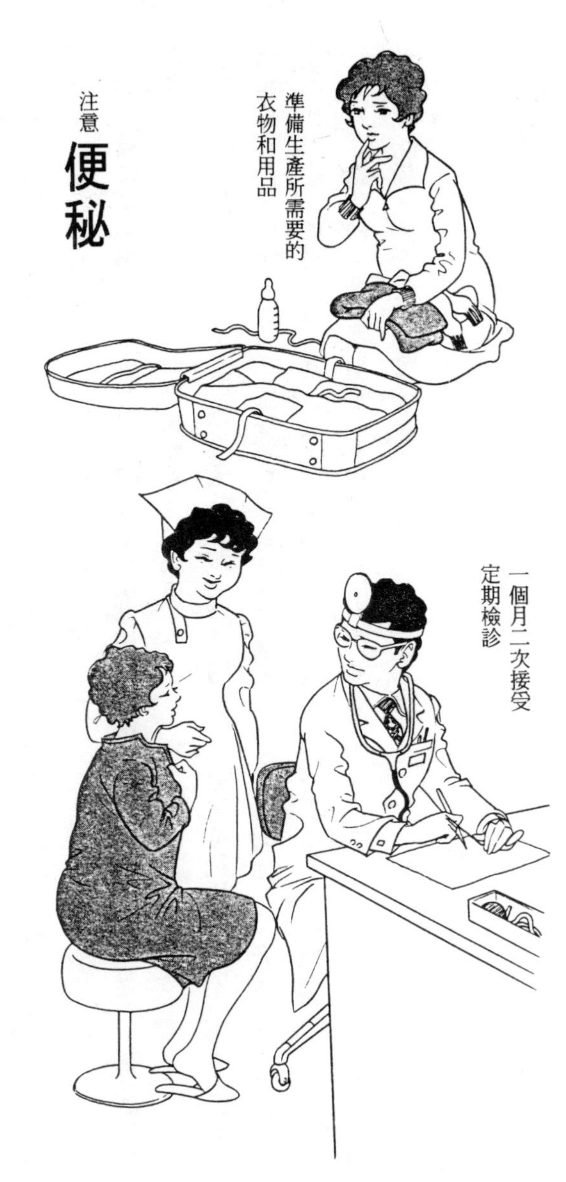

・**注意身體異常**——靜脈瘤、痔瘡、頭昏眼花、腰痛等身體上的不適，令孕婦感到苦惱。當出現不適症狀時，要儘快和醫師商量，接受其建議。此外，定期檢診也是不可或缺的。

・**避免過度疲勞**——要避免長時間走路、過度勞動或熬夜。這也是造成妊娠中毒的原因。記住，非必要的外出及購物，只會徒增身體的疲勞。

・**預防緊急事態**——平常就必須和家人及鄰居保持密切聯絡。為了預防萬一，即使是住在公寓、大廈，也應設法與鄰居培養友好關係。

・**腹部變小**——到懷孕中期為止一直順利發育的胎兒，如果突然死亡，則原本應該增大的腹部反而會縮小。同時也感覺不到胎動、聽不到胎音，這時只要進行X光診斷即可瞭解。胎兒死亡後，如果沒有流產跡象，則必須以人工方式引起陣痛催生，將胎兒娩出。

・**注意胎動**——感覺到胎動，乃是嬰兒活力充沛的證明。反之，一旦持續二天以上沒有感覺到胎動，則必須立刻就醫。

懷孕第八個月（二十九～三十二週）

①母體的狀況

・子宮底的高度——約二十四～二十六公分。保持站立姿勢時，高度約達肚臍與心窩中間。因此，會有胃好像被擠到胸部的感覺，飯後容易覺得不消化。再加上心臟往上推擠，所以會出現呼吸困難、心悸等現象。

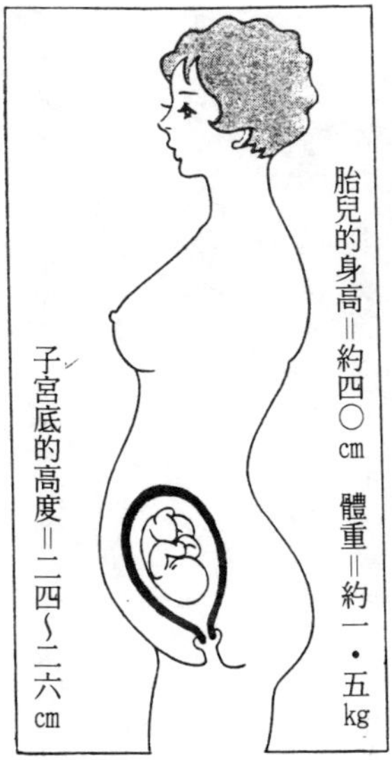

胎兒的身高＝約四〇cm　體重＝約一・五kg

子宮底的高度＝二四～二六cm

・妊娠紋——乳房與子宮增大，會使得表面皮膚急遽拉扯，以致皮下組織出現小裂痕，形成紅紫色的線條，這就是妊娠紋。一般到了懷孕後半期，下腹部、乳房、大腿部及腰部周圍會出現妊娠紋。及至生產過後，妊娠紋會成為白色條紋留在身上。

不過，並不是所有的孕婦都會出現妊娠紋。經常運動、皮膚彈力較強的女性，妊娠紋較少。此外，從懷孕第五個月開始做腹式深呼吸，使腹壁伸展良好，也有助於防止妊娠紋產生。

②胎兒的發育

・**大小**——身高約四〇公分，體重約一・五公斤。

・**外觀**——皮膚為紅色，臉看起來好像老人一般，全身都長著胎毛。在這個時期出生的早產兒，哭聲稍強，只要利用哺育器等給予適當的哺育，通常能順利成長。

・**倒產兒**——直到妊娠中期為止都能在子宮內的羊水中自由活動。不過到了懷孕八個月末，嬰兒較重的頭部都會朝下固定。當然，也有部分嬰兒會呈頭部朝上的倒產狀態。倒產兒的問題，在於頭部還留在產道時，腹部和胸部已經露出。這時，一旦嬰兒開始呼吸，羊水就會塞住口鼻，結果導致嬰兒以假死狀態出生。

改變倒產的方法，是採膝肘位（俯臥，採高腰位促使胎兒自然旋轉）或由醫生、助產士施行外轉術。如果採用上述方法仍無法矯正倒產的狀態，則只好以倒產的方式分娩或進行剖腹產。至於要採用何種治療法或生產法，應該由醫師來決定。

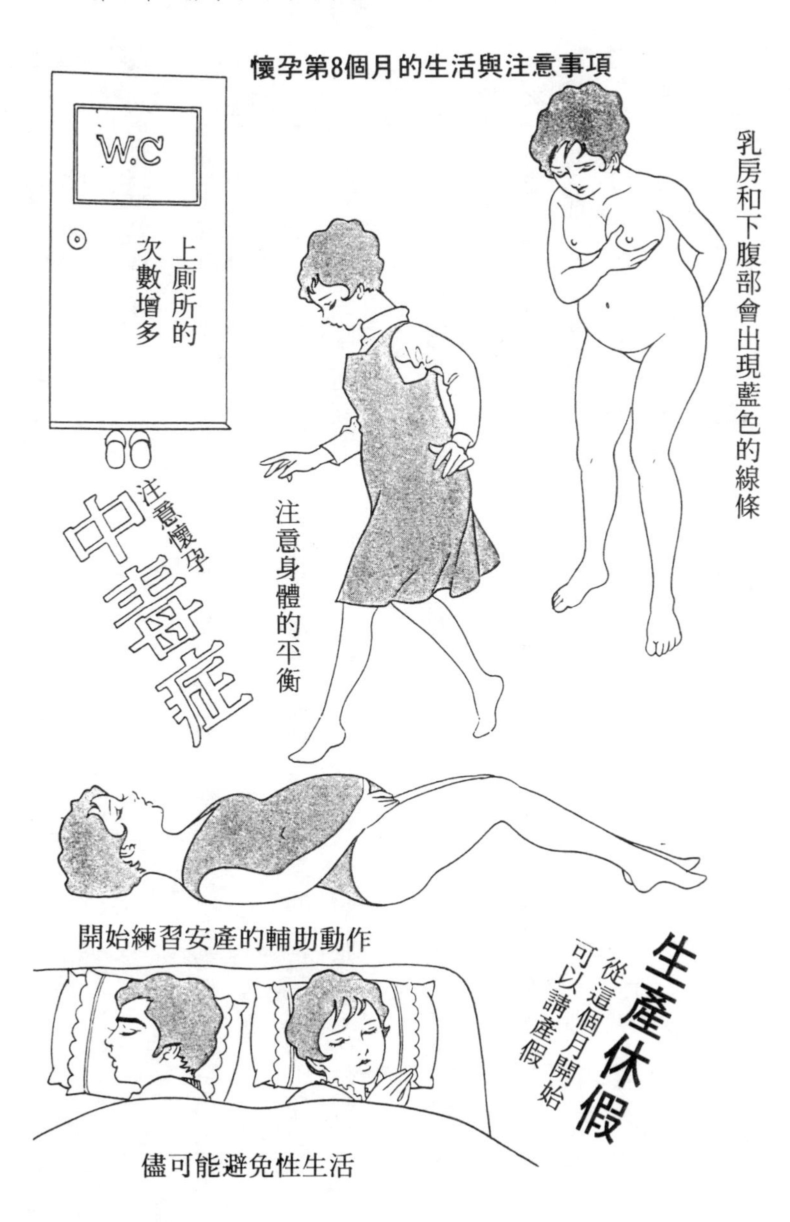
懷孕第8個月的生活與注意事項
W.C
上廁所的次數增多
乳房和下腹部會出現藍色的線條
注意身體的平衡
注意懷孕中毒症
開始練習安產的輔助動作
生產休假
從這個月開始可以請產假
儘可能避免性生活

③當月注意事項

・練習生產輔助動作——為了順利生產，準媽媽教室會教導各種輔助動作，但自己也要勤加練習以掌握箇中要訣。

・**休產假**——根據勞基法規定，孕婦有休產假的權利。至於產假的長短，則依工作內容、工作環境及孕婦狀態等因素而有所不同。在產假期間，應儘可能安靜的休息，切勿安排外出旅遊。

・**性生活**——為避免壓迫孕婦的下腹部，最好採取男性由背後進入的體位。此外，還要避免過於劇烈的動作。

・**妊娠中毒症**——由水腫、蛋白尿、高血壓開始的妊娠中毒症，嚴重時會使胎兒的發育變遲，是造成早產、早產兒的原因。另外，對母體也會造成不良影響，威脅到腦、腎臟、肝臟、心臟等的功能，甚至引起痙攣。尤其是在妊娠後期出現的妊娠中毒症，更需要注意。而定期接受檢診，有助於預防及早期發現、治療。

・**定期檢診的次數**——懷孕進入八個月以後，每隔二週就要檢查一次。

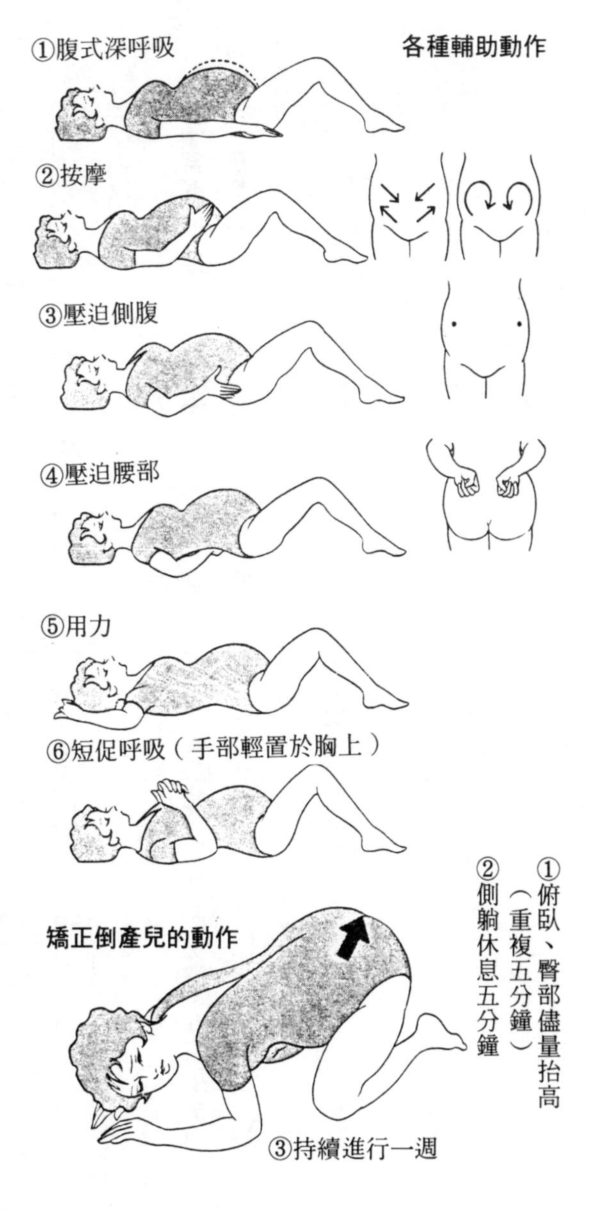
各種輔助動作
①腹式深呼吸
②按摩
③壓迫側腹
④壓迫腰部
⑤用力
⑥短促呼吸（手部輕置於胸上）
矯正倒產兒的動作
①俯臥、臀部儘量抬高（重複五分鐘）
②側躺休息五分鐘
③持續進行一週

懷孕第九個月（三十三～三十六週）

①母體的狀況

・**子宮底的高度**——約二十八～三〇公分。採取站立姿勢時，高度為心窩下方四指排列的位置。在整個懷孕期間，以這時的子宮高度為最高。因為會將心臟與肺向上推擠，所以覺得最痛苦。

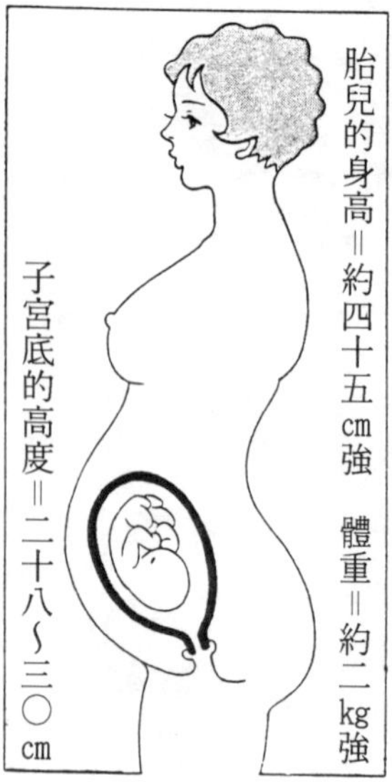

胎兒的身高＝約四十五cm強　體重＝約二kg強

子宮底的高度＝二十八～三〇cm

・**外陰部的狀況**——柔軟、感覺有點鬆弛。分泌物的量增加。

・**初乳**——在這個月結束時，乳頭部分會出現白色顆粒及看得見分泌出乳汁的孔。由這個孔裡面，會分泌出好像沙子般的骯髒物，亦即阻塞乳汁孔的污垢。乳汁孔一旦阻塞，乳汁

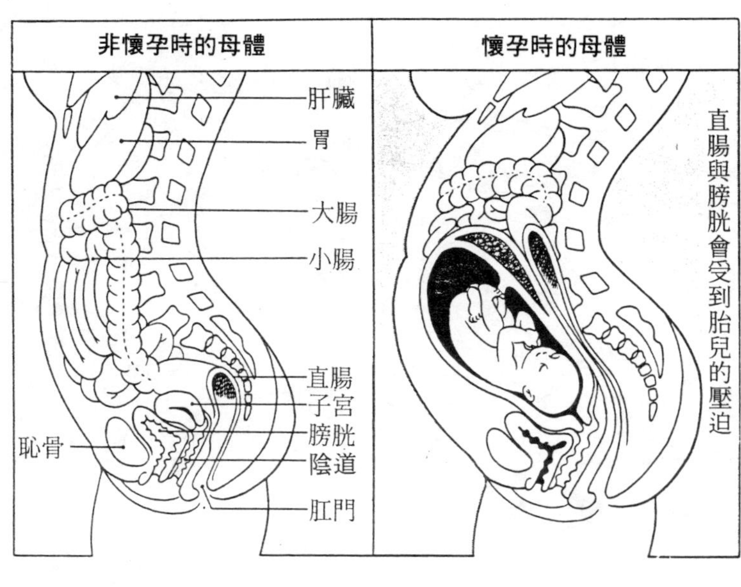

就無法順暢分泌，因此平常就必須加以護理。另外，當輕捏乳頭時，會出現水樣乳。

②胎兒的發育

・**大小**——身高約四十五公分強，體重約二公斤強。

・**外觀**——皮膚為淡紅色，皮下脂肪增加，所以不再具有老人的外觀，而像嬰兒的樣子。另外，長在臉上和身體的柔軟胎毛，通常已經消失。

・**指甲**——指甲發育良好，但無法越過指端。

③當月注意事項

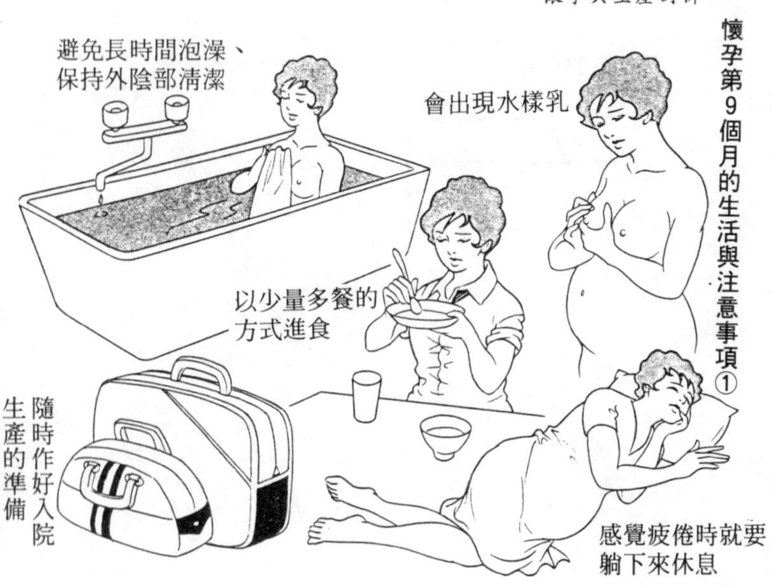

•住院準備——隨時都可能生產，所以必要的東西要事先準備齊全。醫院的地址、助產士的電話號碼也要隨身攜帶，以防萬一。為防在夜間或天候不良時生產，應事先準備好車子待命。

住院時應一併帶去的東西，包括母子健康手册、健保卡、印鑑等。為防漏失，可事先向醫院、婦產科或診所洽詢。

•回鄉生產——如果打算回鄉生產，最好在預產期一個月之前回去。不過，讓孕婦單獨從事長途旅行是很危險的，因此應該有人陪在身邊加以照顧。除了回鄉生產以外，這個時期應儘量避免出遠門或旅行。

•少量進食——在胃部受到壓迫的情況下

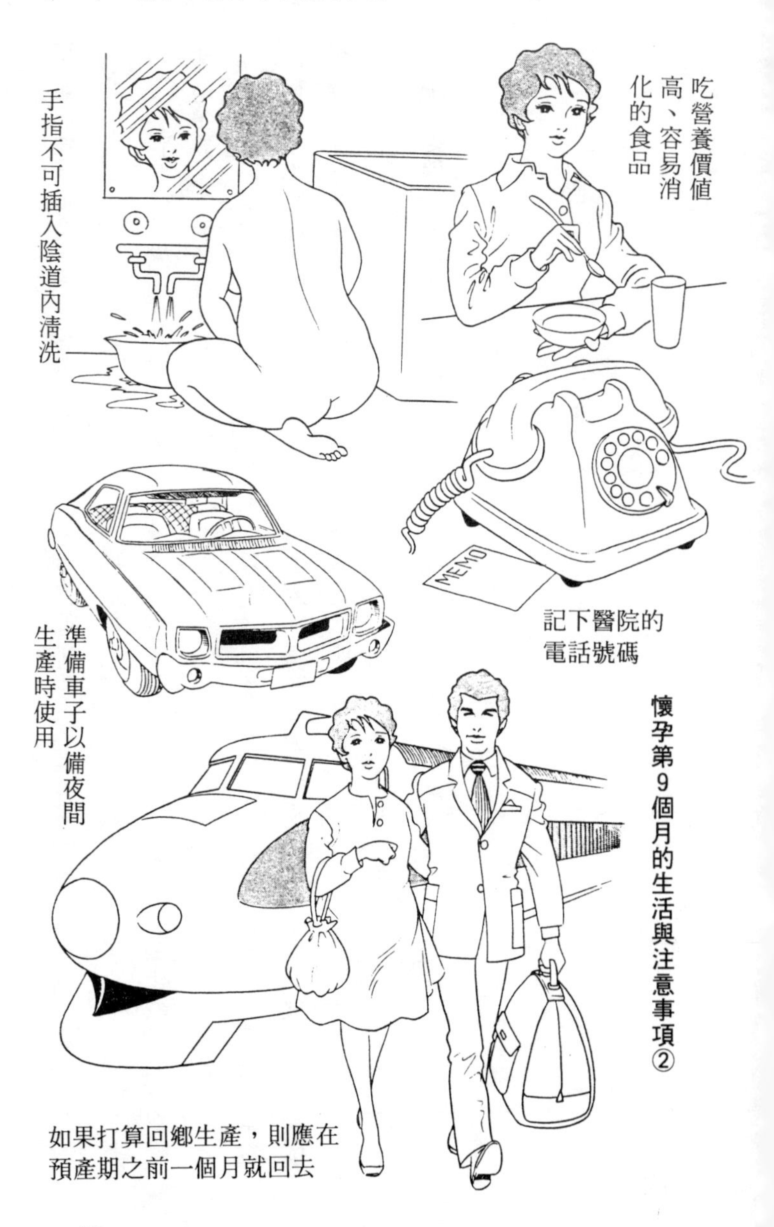
懷孕第9個月的生活與注意事項②
吃營養價值高、容易消化的食品
手指不可插入陰道內清洗
MEMO
記下醫院的電話號碼
準備車子以備夜間生產時使用
如果打算回鄉生產，則應在預產期之前一個月就回去

，可能無法進食，然而母體和胎兒都需要營養的供給，因此要選擇營養價值高、容易消化的食物。此外，如果一次吃不下很多，則不妨改以少量多餐的方式進食。

• **休息**——要避免長時間工作或泡澡。如有家人幫忙家事，當有助於減少疲勞。感覺疲勞時，要躺下來好好休息。

• **入浴**——因為分泌物增加，每天都會覺得「鬱卒」，所以洗澡次數增多。但是，絕對不可以將手指插入陰道內清洗。另外，還要避免長時間泡澡或泡熱水澡。洗頭髮時，要採取不會對身體造成壓迫的姿勢，在不感覺疲勞的狀態下進行。

• **注意避免跌倒**——由於腹部突出，不容易看到腳邊，因此很容易跌倒。為免發生意外，上下樓梯、浴室的出入口或家中有階梯的地方，都必須特別注意。

懷孕第十個月（三十七～四〇週）

①母體的狀況

・**子宮底的高度**——約三〇～三十三公分。子宮本身比上個月更大，但因腹部向前突出，因此子宮底比上個月略微下降。

・**胃與胸部的壓迫感減輕**——子宮高度降低、胎兒的位置下降，將胃部往上擠的感覺也隨之減輕，因此開始能吃一些東西了。另一方面，經常會覺得腹部不規則膨脹或產生便意。

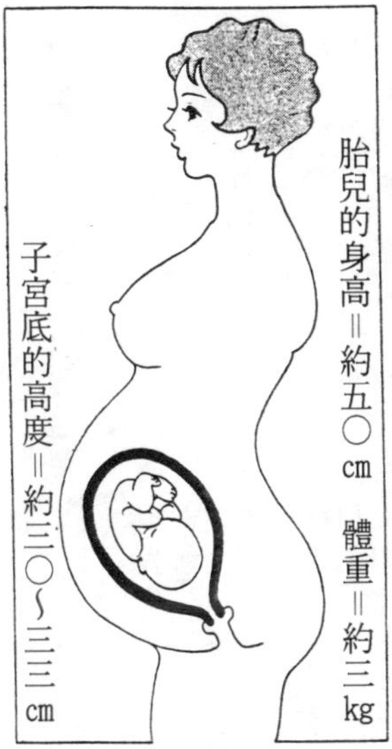

胎兒的身高＝約五〇cm　體重＝約三kg

子宮底的高度＝約三〇～三三cm

・**色素沈著**——乳房的色素加深，外陰部發黑，富於伸縮性。

・**腹部膨脹**——這是子宮收縮的前兆。腹部會開始膨脹，感覺腰部沈重。

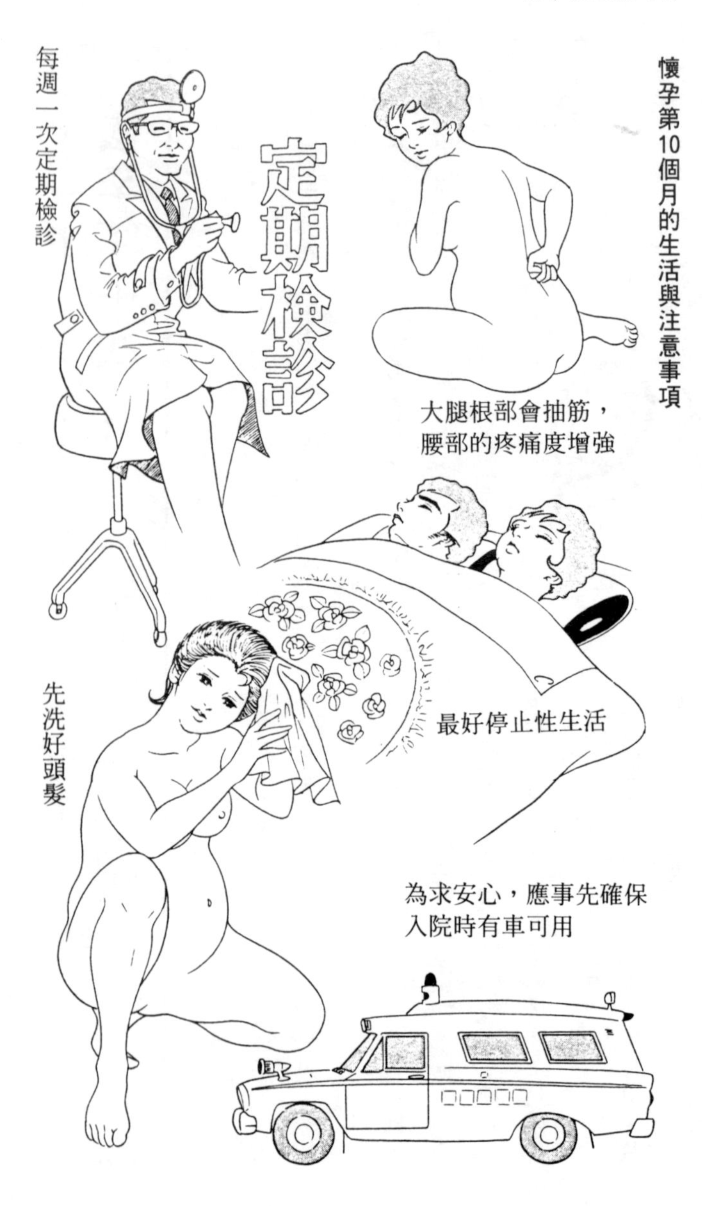
懷孕第10個月的生活與注意事項
定期檢診
每週一次定期檢診
大腿根部會抽筋，
腰部的疼痛度增強
最好停止性生活
先洗好頭髮
為求安心，應事先確保
入院時有車可用

②胎兒的發育

・**大小**——身高平均五〇公分，體重平均三公斤弱。肩寬十一～十二公分、肩胛周圍三十五公分、臀寬九公分、骨盤周圍二十七公分。

・**皮膚**——呈白色或淡粉紅色，胎毛幾乎完全消失。皮下脂肪發達，皮膚皺紋消失，形成膨脹的身體。

・**胎脂**——只有腋下等部位還殘留一些胎脂。

・**頭髮**——長度約為二～三公分。

・**成熟兒**——頭部、胸部、腹部及其它細微部分都已完成，只待陣痛降臨。

入院時要帶的東西
①母子健康手冊
②健保卡
③診察券
④印鑑

③當月注意事項

・**準備迎接成為母親的這一天到來**——充

分休息、睡眠、保持身體清潔、營養補給、輕鬆的心情、與家人緊密結合等，是這個時期最重要的。準媽媽應該抱著喜悅的心情，準備迎接成為母親的這一天到來。

• **定期檢診**——到第一〇個月時，應每週一次接受定期檢診。

• **不要太在意預產期的問題**——所謂的預產期，不過是一個概略的數字而已，並不表示孩子一定會在預產期當天出生。事實上，只要延遲的時間在二週以內，就不必擔心。

• **性生活**——如果是初產婦，由於胎頭已經固定，因此必須禁慾以免導致破水。

• **謹慎外出**——在接近預產期時，務必避免獨自外出，也不可到距離生產醫院太遠的地方去，以策安全。

• **接近生產時刻的徵兆**——①感覺子宮下降、胸部附近輕鬆；②排尿間距縮短；③頻頻產生下腹部或整個腹部緊繃的感覺；④大腿根部抽筋、腰部疼痛度增強；⑤分泌物增加；⑥體重未見增加。當然，並不是每一個人都會出現這些徵兆——它們只不過是判斷是否已經接近生產的大致標準而已。

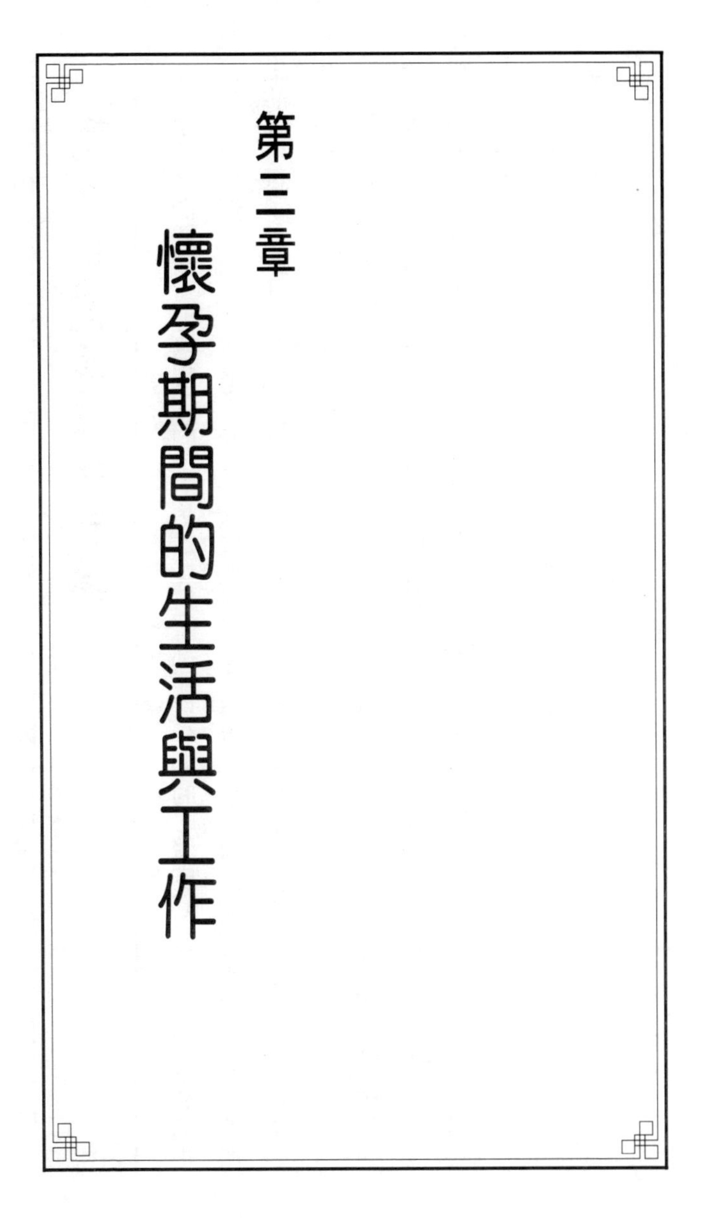

第三章 懷孕期間的生活與工作

有關日常生活的知識

懷孕期間要儘可能過規律的生活，最好每天都能以悠閒的心情度過。不過，懷孕並不是疾病，所以往常的日常生活不必完全改變。只要在不對身心造成負擔的程度內，過著規律的生活就可以了。此外，家人的幫助與瞭解也是很重要的。尤其是職業婦女，更需要注意這一點。

家庭主婦每天都必須煮飯、洗衣、打掃、購物及照顧孩子，忙碌的程度非局外人所能想像。因此，老一輩的人認為懷孕腳會浮腫乃是理所當然之事，而現在則必須捨棄這種想法。問題是，即使孕婦本身已經具備這種先進的觀念，但，如果周圍的人不能理解、幫助，則根本無濟於事。

近來，為孕婦擔心的丈夫或家人增多了。不過，過度保護也會妨礙孕婦的生活規律，必須特別注意。

①睡眠與休養

首先必須擁有充足的睡眠與休養。睡眠以八小時為基準。孕婦睡眠不足時，對胎兒也會造成影響。懷孕以後會變得比較容易疲倦，因此一旦覺得「好想睡」，就應該立刻休息。可能的話，最好養成午睡的習慣。

當然，妳也不能以需要睡眠和休息為由，一天到晚躺在床上不起來。正確的做法是配合各人的生活環境，避免讓自己過度疲勞。

②沐　浴

只要身體沒有異常症狀，每天洗澡也無妨。但長時間泡澡會造成疲勞，必須注意。孕婦在浴室跌倒而流產的例子屢見不鮮，這都是由於對懷孕漫不經心所造成的。一旦腹部變大以後，行動當然會比較遲鈍，因此一定要特別小心。

到了懷孕末期，陰道、外陰部會變得柔軟、纖細，故要仔細擦拭局部。在無法洗澡時，則必須在溫水中加入一～二%的硼酸水進行消毒。

如果要到澡堂泡澡，應選擇人較少的時間前去。

③化　妝

有的人一旦懷孕，就把自己弄得邋裡邋遢的，教人看了難過。事實上，即使大腹便便，在衣著、化妝方面，仍然需要某種程度的打扮。

到醫院做產檢時，有些孕婦會特地化上濃妝。殊不知對醫生而言，濃妝反而會成為檢查有無貧血或身體異常的阻礙。

換言之，化妝應該適可而止。

④運　動

散步或輕微的體操，對胎兒的發育非常必要。最近，因運動不足而致生產時手發麻的例子日益增加。為了預防這種情形，不妨每天像高呼萬歲似的，多作幾次把手輕輕往上抬的運動。至於會增強腹壓的動作，例如，抬重物或蹲下，則必須絕對禁止。

唯一的例外是為孕婦設置的游泳教室。除此以外，一切過度劇烈的運動都必須禁止。像海水浴、打網球、高爾夫球或保齡球等，都不是適合孕婦的運動。

至於跳舞，慢節奏的舞曲倒還無所謂，如果是快節奏的舞曲，就必須注意了。

尤其是在最容易流產的懷孕初期，更必須注意這些問題。

⑤開車與旅行

最好避免開車。不得已需要開車時，也不要開得太遠。在孕吐或感覺頭昏眼花的時期，開車很容易發生意外事故，應多加小心。另外，即使孕婦自己不開車，也應避免長距離乘車。

長距離的旅行，原則上最好避免。

當天來回或住宿一夜的旅行，只會導致疲勞殘留，應儘量避免。如果非去不可，則應安排不致太過勞累的行程，此外還要事先通知醫師，接受醫師的診察及建議。更重要的是，千萬別忘了攜帶母子健康手冊。

此外，要避免穿著高跟鞋等容易跌倒的鞋子，上下樓梯時也要多加留意。

日常生活的注意事項
在浴室內要小心
避免滑倒
避免要扭轉身
體、站立、坐
下的舞蹈
爵士舞
避免需要蹲下
的工作
高爾夫球
網球
溜冰鞋
避免過度激烈的運動

⑥便秘與痔瘡

便秘與痔瘡是流產的關鍵，絕對不可使用浣腸劑或強力瀉藥。為了安全起見，最好先和醫師商量。

總之，不論有沒有便意，都要養成一天一次規律排便的習慣。當然，飲食生活也必須保持規律。

除非特殊情況，否則在懷孕期間千萬不要施行痔瘡治療手術。如有脫肛的情形，排便後要仔細清洗局部，並塗抹橄欖油或藥物。

⑦香煙與酒

少量飲酒無妨，大量飲酒則會對胎兒造成很大的傷害。

原則上應該戒煙。儘管目前還不十分清楚香煙為什麼對胎兒有害，但根據統計，吸煙的母親，較容易生下體重太低或呼吸器官有毛病的嬰兒。

可能的原因之一，是母親帶有尼古丁的肺，無法順暢進行氧與二氧化碳的交換，以致二氧化碳積存。嬰兒在由母親那兒吸收養分之餘，也一併吸收氧氣和血液。一旦氧的補給及養分的攝取不良，就會導致胎兒發育不良。

⑧孕婦裝

孕婦因為新陳代謝旺盛的緣故，分泌物或白色分泌物會增多，故最好選擇容易更換的內衣褲或容易清洗棉製內衣褲。同時，還要選擇保溫、吸濕、通氣性佳、較為寬鬆的衣物。要避免對胸、腹部造成緊繃感的胸罩或皮帶。而太緊的內褲或外褲，當然也不適合。為了方便起見，要選擇前開式的孕婦裝，並從懷孕第五個月開始穿著。

⑨腹　帶

一般是從懷孕五個月開始綁上腹帶。腹帶除了有助於下腹部的安定感及保溫之外，還具有使胎兒保持在正常位置的效果。

首先將半匹（約四ｍ）的綿布對折，沿著腹部捲上數回。為了隨時都有乾淨的腹帶可用，最好多準備二、三條。

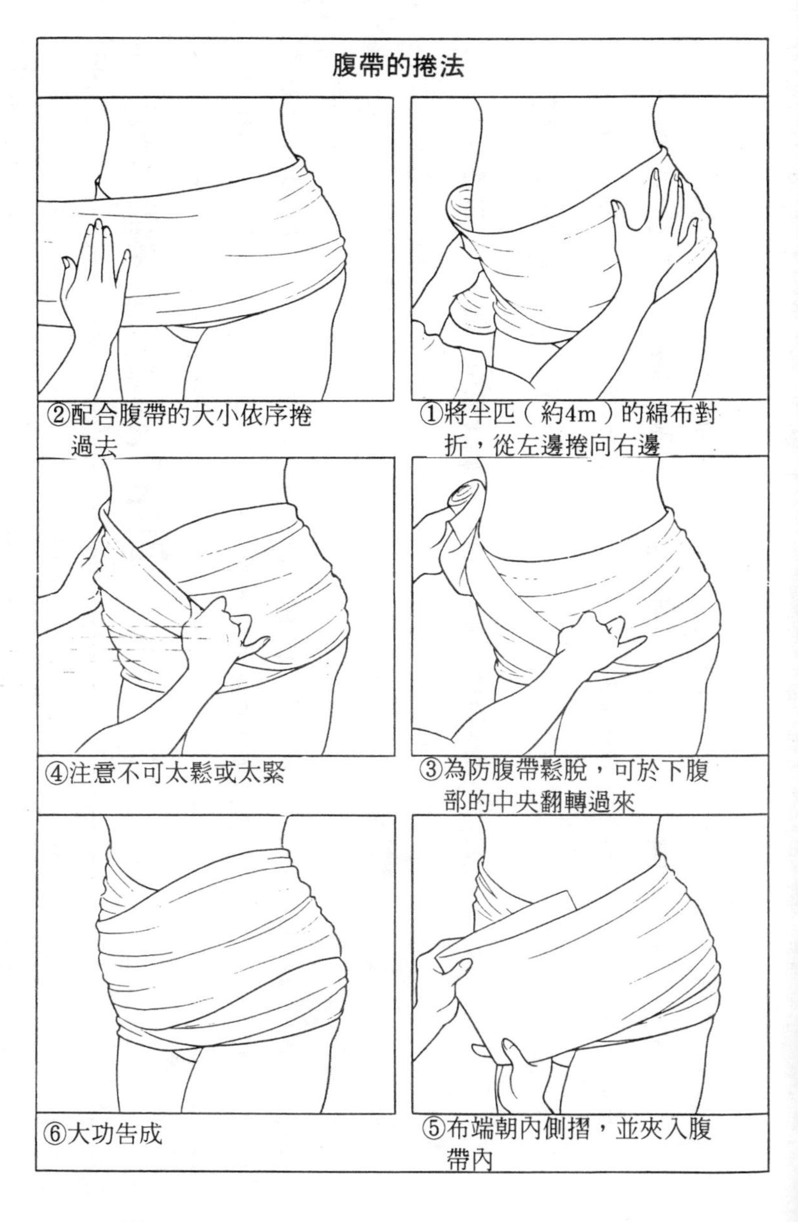

腹帶的捲法

①將半匹（約4m）的綿布對折，從左邊捲向右邊

②配合腹帶的大小依序捲過去

③為防腹帶鬆脫，可於下腹部的中央翻轉過來

④注意不可太鬆或太緊

⑤布端朝內側摺，並夾入腹帶內

⑥大功告成

懷孕期間的性生活

基本上，健康良好的孕婦，不必在意性生活的問題。況且在懷孕期間，孕婦對於性的慾望會產生各種變化。另一方面，由於不必擔心避孕問題，因此夫妻之間反而更能敞開胸懷享受性生活。

當然，衛生問題還是不容忽視。愈接近生產日期，受到感染的危險性愈高，故應避免骯髒的手指接觸性器。

過度的性生活在懷孕初期會造成流產，在後期會造成早產或破水，必須注意。

①懷孕初期的性生活

丈夫因妻子懷孕而到外面尋花問柳，終至引起家庭不和的例子比比皆是。為了家庭幸福，夫妻應該互相體諒、攜手度過這段時期。而作愛時，當然也不能只是插入而已。

懷孕三個月時，子宮內部還不太穩定。在這期間進行劇烈的性行為，對母體會造成不良

懷孕期間適合的體位

伸張位…適合懷孕初期

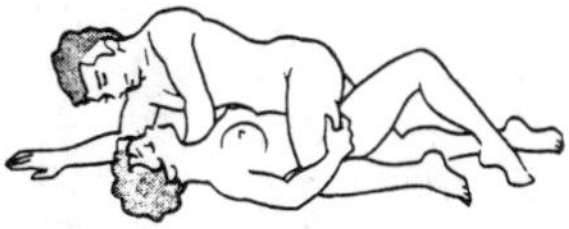

交叉位…適合懷孕初期

側臥位…適合懷孕初期～中期

前側位…適合懷孕中期

前座位…適合懷孕初期～中期

後側位…適合懷孕後期

影響。換言之，有可能因為子宮充血或收縮運動而導致流產。

在這個時期，丈夫多半感覺不到妻子的身體有明顯變化，動作難免過於劇烈，必須注意。比較安全的作法，是儘量避免太深入的結合或過於勉強的體位。

大致的標準為每一～二週作愛一次。一旦禁慾時間太長，性交時往往會過於劇烈。從另一方面來看，這也是夫婦享受愛撫及以口交方式開發意外驚喜的時期。

②懷孕中期的性生活

到了懷孕五個月時，胎盤已大致完成，子宮內部也告安定。但因腹部稍微突出，故必須特別小心。通常只要不會對孕婦的腹部造成壓迫，就可以盡情享受性愛之樂。

③懷孕後期的性生活

懷孕進入第九個月以後，應儘可能避免性交。在此之前，可以採側臥位等體位。這個時期陰道和粘膜充血，處於容易受傷的狀態，因此絕對不可用手指插入。除了注意保持清潔以外，精神上也必須給予孕婦充分的餘裕。

當出現出血、下腹部疼痛、水腫等異常症狀或感覺不適時，應禁止性交。

懷孕期間的性生活，是調整夫妻相處之道的重要時期。男性的瞭解及協助，對孕婦而言尤其重要。

職業婦女應具備的知識

在職業婦女不斷增加的現代，懷孕問題愈來愈值得重視。雖然產假已有勞基法明文規定，但是和家庭主婦相比，職業婦女的安產率仍然有偏低的傾向。

另一個值得注意的現象，是職業婦女的流產、早產率較高。

為防萬一，初診時應該把自己工作環境及健康狀態告訴醫師，請求當面給予指示。

同時也要和丈夫、家人仔細討論，決定是要繼續上班或辭職回家待產。

而產後返回工作崗位，也是必須考慮的問題。有些女性產前原已決定產後要回去上班，不料孩子生下來以後，卻發現責任重大而想專心在家帶孩子。為免對服務機構造成困擾，有意在產後回到工作崗位的人，應該在懷孕之前就決定好「生產計劃」。

根據有關單位的調查，對女性員工產後復職一事，持「原則上回復原職」態度的企業，約占七七・九％，認為「人員配置的問題，應視公司狀況而定」的企業，占一四・二％。此外，根據統計，在產後復職的女性當中，每十人中有一人是回到與休假前不同的工作崗位。

至於僱用時僱員的企業，則占約半數。

公司在產假期間仍必須支付薪水，對女性員工而言是極為有利的制度，然而周圍的人卻對此抱持近乎嚴苛的看法。

因此，想要繼續職業婦女生涯的女性，必須先做好心理準備，瞭解不論是休產假或銷假上班，都會承受來自公司方面的無形壓力。

①通勤時的注意事項

要儘量避開人潮擁擠的時刻。此外，對於公司要妳出差的派令，也要審慎考慮。有些孕婦仍然很注重形象，為求美觀而穿著單薄的衣物上班。事實上，基於腹部保溫及保護胎兒的需要，最好穿著較厚的內衣。

另外，交通工具的振動，也會對孕婦造成很大的影響。尤其是在屬於高流產期的懷孕前期，更要避免乘坐搖晃劇烈的交通工具。如果沒有更好的選擇，不妨改變通勤路線。

乘坐巴士時，最好站在接近駕駛座的位置，並且拉住吊環。

為了趕上上班時間而拔腿狂奔，是非常危險的行為。尤其在上下樓梯時，更要用手抓緊

扶手以防摔倒或踩空。

②在工作場所的注意事項

為了擁有好的環境，孕婦在工作場所裡必須付出比別人更多的努力。因此，早在懷孕前

就要設法提高對工作的意識。

精神因素對胎兒和母體都會造成很大的影響，是以在工作場所裡，要保持開朗、樂觀的人際關係。

如果從事的是坐辦公桌的工作，那麼到了下午，往往會出現肩膀酸痛、腳部浮腫等後遺症。

不妨利用午休時間充分放鬆自己。當然，營養問題也要特別注意。

冷暖器對腹部會造成不良影響，選擇內衣褲或服裝時要格外小心。

營養與飲食

在懷孕期間，胎兒會從母親的血液中取得氧和營養以製造體力。與此同時，母體的新陳代謝會趨於旺盛、子宮變大、乳房發達、血液量增加。

一般家庭主婦所消耗的熱量，一天約二〇〇〇～二一〇〇大卡，而孕婦一天所需要的熱量，懷孕前期為二一〇〇大卡，後半期則為二四〇〇大卡。

除了量以外，質，亦即營養，也是重要的考慮因素。

懷孕期間需特別注意營養均衡，可廣泛攝取便宜但營養價值極高的食品。舉凡蛋白質、脂肪、醣類、無機質、維他命等，均必須充分攝取才行。值得注意的是，與其用營養劑補充，還不如在飲食上多花點功夫。

①必要的營養素

☆蛋白質

人體的主要部分，是由蛋白質所構成的。蛋白質不僅是子宮、胎盤增大時不可或缺的營養素，同時也是母乳的基本成分。

蛋白質因必須氨基酸的量與質不同而有好壞之分。一般而言，動物性蛋白質多為良質蛋白質。在懷孕期間，一天應攝取七五～八五公克。

含有動物性蛋白質的食品，包括肉（瘦肉）、魚、蛋、牛奶、乳酪等。

至於含有植物性蛋白質的食品，則包括豆類、豆腐、味噌等。

☆鈣　質

鈣與磷同為製造胎兒骨骼、牙齒不可或缺的物質。近來隨著國人飲食生活的改變，鈣的攝取量雖有增加，卻仍然不夠。因此，孕婦的鈣攝取量，必須是平常的二倍以上。

含鈣質的食品，包括牛奶、乳製品、小魚乾等小魚類、海草等。

☆鐵　分

鐵是製造紅血球中血紅蛋白的色素，使母體血液增加的物質。此外，還具有運送氧氣給胎兒的作用。鐵對孕婦而言是不可或缺的物質，也是容易缺乏的營養素。

鐵分不足是引起貧血的原因，對胎兒發育會產生不良影響。此外，還會使生產時的出血量增多，是造成難產的原因之一。

含有鐵分的食物，包括肝臟、蛋、肉、泥鰍、鰻魚肝等動物性鐵分，以及菠菜、胡蘿蔔、蘿蔔葉、豆腐皮等植物性鐵分。附帶一提，用鐵壺煮開水喝也是很好的方法。

☆脂　肪

脂肪是身體熱量的來源。與蛋白質和醣類的熱量相比，在體內產生的熱量多達二倍以上。為體內所吸收的脂肪，會暫時貯存於皮下組織。當脂肪缺乏之時，對寒暑的抵抗力會減弱，人也變得容易疲勞。

含有動物性脂肪的食品，包括肉、魚、奶油、豬油等。含植物性脂肪的食品，則包括芝麻、大豆、油豆腐、核桃等。此外，糖分也是熱量來源之一。米、麥、芋類中含量較多，但國人攝取量有偏高的傾向，必須注意。

☆維他命類

維他命為進入體內的營養素的媒介，有助於健康及發育。

由於維他命無法全部在體內製造，因此必須透過食物來攝取。

維他命缺乏之時，會直接對胎兒和母體造成影響，必須多加注意。

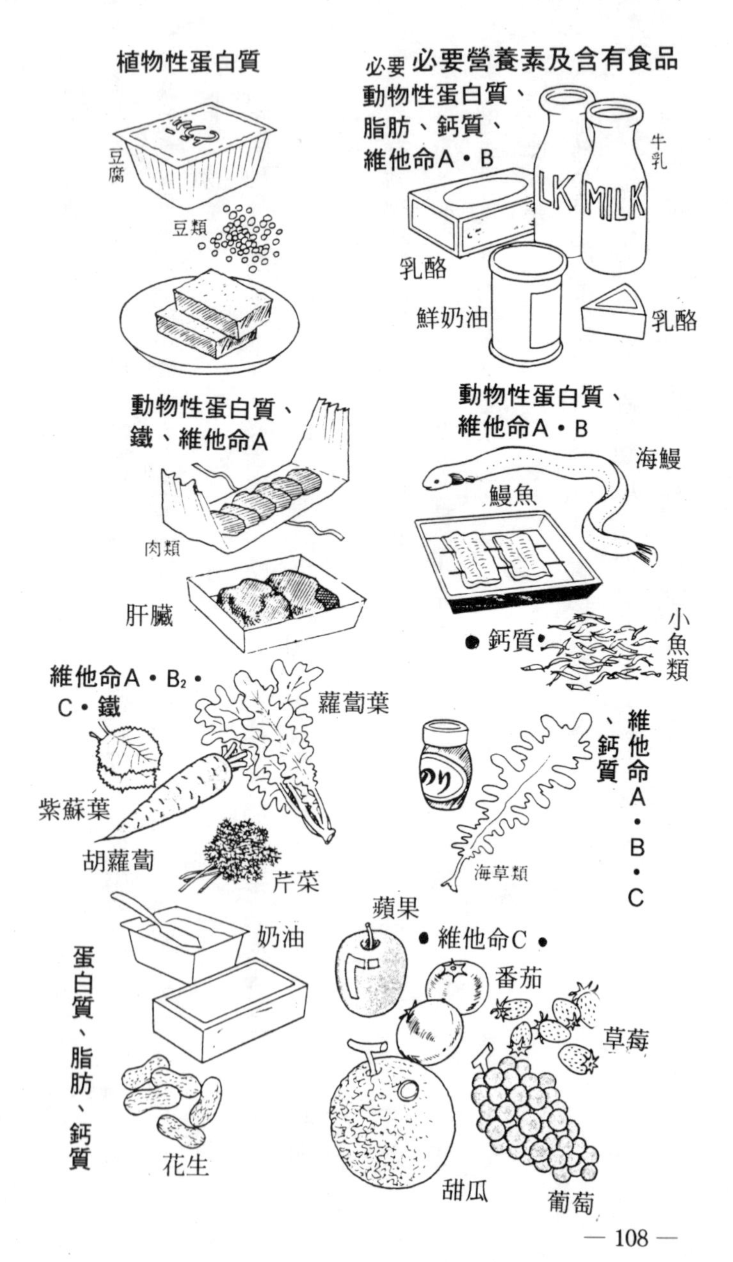
植物性蛋白質
豆腐
豆類
必要 必要營養素及含有食品
動物性蛋白質、
脂肪、鈣質、
維他命A・B
牛乳
LK
MILK
乳酪
鮮奶油
乳酪
動物性蛋白質、
鐵、維他命A
肉類
肝臟
動物性蛋白質、
維他命A・B
海鰻
鰻魚
● 鈣質・
小魚類
維他命A・B₂・
C・鐵
蘿蔔葉
紫蘇葉
胡蘿蔔
芹菜
のり
維他命A・B・C
、鈣質
海草類
奶油
蛋白質、脂肪、鈣質
花生
蘋果
● 維他命C ●
番茄
草莓
甜瓜
葡萄

②在飲食生活方面下功夫

☆食品的選擇方法

首先要選擇新鮮的食品。不新鮮的食物會使維他命減半，也是引起中毒、下痢的原因。一般來說，應時的食物多半比較新鮮。

此外，要注意加入人工色素及甘味料、防腐劑的食品。

要有計劃地擬定菜單，同時注意營養均衡的問題。

☆孕婦的基礎食品

・**魚貝類**——含有豐富的動物性蛋白質。海鰻、鰻魚、海膽等含有維他命A、B，小魚類鈣質的來源。

・**肉類**——為良質蛋白質的來源。特別是肝臟中含有鐵分、維他命A、B_1、B_2，有助於增血。

・**牛奶**、**乳製品**——牛奶最好一天喝一瓶以上。因為其中含有蛋白質、脂肪、鈣質及維他命A、B。不喜歡喝牛奶的孕婦，可以改吃鮮奶油、乳酪等乳製品。

・**大豆**——是植物性蛋白質來源中最重要的食品之一。木綿豆腐、黃豆粉、納豆、油豆腐等，都是孕婦必要的食物。

・**蔬菜**——稱為深色蔬菜的胡蘿蔔、菠菜、韮菜、小松菜等含有維他命A、B_2、C，部分則含有鈣質和鐵。其它如紫蘇葉、芹菜、西洋芹菜等，也是很好的食用蔬菜。淡色蔬菜如白菜、蘿蔔、葱、花椰菜、豆芽菜、包心菜等，則含有豐富的維他命C。

・**水果**——水果中含有豐富的維他命C。像草莓、柑橘、柿子、甜瓜、葡萄等。此外，蘋果中雖然不含維他命C，卻具有整腸效果。

・**米、麥、芋**——為重要的熱量來源，但在懷孕期間應減少這類食品的攝取，轉而從菜餚中攝取熱量。

・**海草類**——含有鈣質、維他命A、B、C、碘的紫菜、昆布、海帶芽等，都是重要的食品。

・**種子類**——芝麻、花生、核桃等要充分磨碎後再食用。其中含有蛋白質、脂肪、鈣質及鐵分。

・**奶油、人造奶油類**——除了脂肪以外，還可以補充不足的維他命A、D等。

③懷孕前期的飲食生活

首先要注意的，是培養規律、正常的飲食生活。

一天三餐，必須在固定的時間以內進行。另外，要放棄以米、麥為主的飲食方式，改以副食為主。

當食慾不振時，可以少量多餐的方式攝取食物。對於屬於懷孕前期特徵的孕吐，攝取維他命B_1非常重要。一旦維他命B_1不足，將會使孕吐更為嚴重。

因孕吐而缺乏食慾時，應儘可能攝取牛奶、果汁、水果等含水分較多的食品。事實上，這個時期的重點，就在於攝取維他命類。

④懷孕中期的飲食生活

這是食慾旺盛的時期。為免過胖，需注意不可攝取過多糖分。也不能偏食，要均衡地攝取各種營養。

懷孕中期的重點，多補充以鈣質為主的食物，如小魚、肝臟、牛奶等。

⑤懷孕後期的飲食生活

由於子宮增大、胃腸受到壓迫，因此很難進食。但對營養的需要程度，比前期、中期更甚，故只好在烹調方法上多下點功夫，多多攝取容易消化的食品。

除了蛋白質源以外，鈣質、鐵分也必須大量攝取。

那是因為，這不但是胎兒骨骼的完成期，對於預防生產時大量出血也具有重要意義。

鹽分、水分過多是引起妊娠中毒症的原因，故必須嚴格控制攝取量。

⑥嗜好品的攝取方式

可以適度飲酒。懷孕期間容易疲勞、失眠，小飲一杯反而有助於睡眠。

原則上最好不要抽菸。如果非抽不可，則應儘可能減少吸煙量，以免影響胎兒發育。

咖啡、紅茶也必須加以限制。晚餐之後，應避免攝取任何含有咖啡因的飲料。

其它在懷孕期間必須避免的事情，包括食用魷魚等不容易消化的食物、冰水、清涼飲料等冷品、脂肪成分較多的肉類、鹽分較多的鹹鮭魚、鹹菜及醃漬物等。

●孕婦、授乳婦的營養所需量

孕婦區分 熱量 營養素		非孕婦	孕婦		授乳婦
			前半期	後半期	
熱　量	Cal	2000	2150	2350	2800
蛋白質	g	60	70	80	85
鈣　質	g	0.6	1.0	1.0	1.1
鐵	mg	15	15	20	20
食　鹽	g	10	10	10	10
—維他命A—					
只有維他命A	I.U.	2000	2000	2200	3200
只有胡蘿蔔素	I.U.	6000	6000	6600	9600
維他命B_1	mg	0.9	1.0	1.0	1.1
維他命B_2	mg	1.0	1.2	1.3	1.6
維他命C	mg	50	60	60	90
維他命D	I.U.	100	400	400	400

●懷孕期間的蛋白質附加量

☆懷孕前半期……一天比平常多攝取10g
☆懷孕後半期……一天比平常多攝取20g

●何種食品該吃多少較好？（參考食品）

食品	份量	蛋白質合計
牛奶	200g	18g
乳酪	1/8塊	
豆腐	1/2塊	

食品	份量	蛋白質合計
牛奶	200g	22g
小雞	50g	
豆腐	1/3塊	

食品	份量	蛋白質合計
牛奶	200g	20g
牛腿肉	20g	
雞肝	10g	
豆腐	1/3塊	
沙丁魚乾	10g	

食品	份量	蛋白質合計
沙丁魚	中一條	24g
納豆	1/2包	

食品	份量	蛋白質合計
青花魚	1/4條	20g
納豆	1/2包	

●食品構成表①〔懷孕前半期〕

食品名	數量	蛋白質	脂　肪	醣　類	熱　量
米　　飯	320 g	20.1 g	2.8 g	239.5 g	1067 Cal
小 麥 粉	20 g	1.7 g	0.2 g	12.8 g	71 Cal
豆　　類	80 g	9.6 g	4.7 g	13.1 g	128 Cal
味　　噌	15 g	1.8 g	0.4 g	3.4 g	24 Cal
芋　　類	60 g	1.1 g	0.1 g	13.6 g	55 Cal
里 芋 類	20 g	—	—	18.2 g	77 Cal
油 脂 類	20 g	—	19.2 g	—	173 Cal
牛　　奶	200 g	8.6 g	7.0 g	11.6 g	154 Cal
雞　　蛋	50 g	6.4 g	5.6 g	—	72 Cal
肉　　類	50 g	10.5 g	4.6 g	0.3 g	85 Cal
魚 貝 類	80 g	18.2 g	3.9 g	1.5 g	117 Cal
綠色蔬菜	100 g	2.0 g	0.3 g	5.3 g	33 Cal
黃色蔬菜	200 g	3.0 g	0.4 g	7.8 g	50 Cal
醃 漬 類	40 g	0.7 g	0.1 g	1.8 g	11 Cal
水 果 類	200 g	1.4 g	0.3 g	17.0 g	74 Cal
海 草 類	3 g	0.2 g	—	0.1 g	—
合　　計		85.3 g	49.6 g	346.0 g	2191 Cal

●食品中所含的鐵分

☆一日所需量…懷孕前期15mg　懷孕後期20mg　授乳期20mg

食品名	標準量	含有量	食品名	標準量	含有量
雞內臟	1人份	2.1mg	菠　菜	½　把	6.6mg
豬腿肉	1　塊	1.9mg	茼　蒿	½　把	7.0mg
牛　肝	1　塊	5.0mg	小松菜	½　把	6.6mg
蛋　黃	1　個	1.1mg	豆　腐	1　塊	4.2mg
煎　魚	1　塊	2.8mg	豆腐皮	1　片	3.2mg
蚋　仔	3　個	2.1mg	油豆腐	1　片	5.0mg
牡　蠣	5　個	4.5mg	毛　豆	1　杯	1.3mg
羊栖菜	½大匙	1.5mg	納　豆	1　包	3.4mg
紫　菜	1　片	0.7mg	葡萄乾	1大匙	0.8mg

●食品構成表②〔懷孕後半期〕

食品名	數　量	蛋白質	脂　肪	醣　類	熱　量
米　飯	320 g	20.1 g	2.8 g	239.5 g	1067 Cal
小麥粉	20 g	1.7 g	0.2 g	12.8 g	71 Cal
豆　類	80 g	9.6 g	4.7 g	13.1 g	128 Cal
味　噌	15 g	1.8 g	0.4 g	3.4 g	24 Cal
芋　類	80 g	1.4 g	0.1 g	18.2 g	74 Cal
里芋類	20 g	—	—	18.2 g	77 Cal
油脂類	25 g	—	21.6 g	0.1 g	217 Cal
牛　奶	400 g	17.2 g	14.0 g	23.2 g	308 Cal
雞　蛋	50 g	6.4 g	5.6 g	—	72 Cal
肉　類	50 g	10.5 g	4.6 g	0.3 g	85 Cal
魚貝類	80 g	18.2 g	3.9 g	1.5 g	117 Cal
綠色蔬菜	100 g	2.0 g	0.3 g	5.3 g	33 Cal
黃色蔬菜	200 g	3.0 g	0.4 g	7.8 g	50 Cal
醃漬類	40 g	0.7 g	0.1 g	1.8 g	11 Cal
水果類	200 g	1.4 g	0.3 g	17.0 g	74 Cal
海草類	3 g	0.2 g	—	0.1 g	—
合　計		94.2 g	59.0 g	362.3 g	2408 Cal

●食品中所含的鹽分

☆1天的攝取量在12g以下

食品名	標準量	含有量	食品名	標準量	含有量
鹹　梅	中1個	2.4g	醬　油	1大匙	3.2g
醃黃蘿蔔	1　塊	0.5g	味　噌	1大匙	1.6g
鹹鮭魚	1　塊	4.1g	湯	1大匙	1.2g
竹筴魚乾	1　片	1.0g	番茄醬	1大匙	0.5g
鱈魚子	中1塊	6.0g	蛋黃醬	1大匙	0.4g
昆布佃煮	1大匙	2.1g	奶　油	25　g	0.1g
烤竹輪	1　條	2.6g	乳　酪	25　g	1.0g
魚肉山芋丸子	1　塊	1.2g	火　腿	1　片	0.6g
吐司麵包	1　片	0.5g	麵	1　團	4.3g

●食品構成表③〔授乳期〕

食品名	數量	蛋白質	脂肪	醣類	熱量
米飯	400 g	25.3 g	3.5 g	300.9 g	1320 Cal
小麥粉	20 g	1.7 g	0.2 g	12.8 g	71 Cal
豆類	100 g	10.8 g	8.9 g	16.4 g	144 Cal
味噌	15 g	1.8 g	0.4 g	3.4 g	24 Cal
芋類	100 g	1.9 g	0.1 g	22.7 g	81 Cal
里芋類	20 g	—	—	18.2 g	77 Cal
油脂類	40 g	—	38.4 g	0.2 g	345 Cal
牛奶	500 g	21.5 g	18.0 g	29.0 g	349 Cal
雞蛋	50 g	6.4 g	5.6 g	—	72 Cal
肉類	50 g	10.5 g	4.6 g	0.3 g	85 Cal
魚貝類	80 g	18.2 g	3.9 g	1.5 g	117 Cal
綠色蔬菜	100 g	2.0 g	0.3 g	5.3 g	33 Cal
黃色蔬菜	200 g	3.0 g	0.4 g	7.8 g	50 Cal
醃漬類	80 g	1.4 g	0.2 g	3.6 g	22 Cal
水果類	200 g	1.4 g	0.3 g	17.1 g	74 Cal
海草類	3 g	0.2 g	—	0.1 g	—
合計		106.1 g	84.8 g	439.3 g	2864 Cal

●食品中所含的鈣質

☆1天所需量 {非孕婦0.6g
孕　婦1.0g

食品名	標準量	含有量
魚乾	中20條	0.4g
沙丁魚乾	5　條	1.1g
若鷺	中10條	0.7g
小乾白魚	10大匙	0.4g
乾海帶芽	1杯	0.5g
牛奶	200 cc	0.2g
乳酪	25　g	0.2g
豆腐	1　塊	0.4g

●食品的熱量標準

（相當於1碗米飯）

紅飯	3/5 碗
吐司麵包	2　片
餅	2　塊
甘藷	中½個
羊羹	1　塊
鬆餅	½　個
煎餅	4　片
蘋果	1⅔個
香蕉	中2根

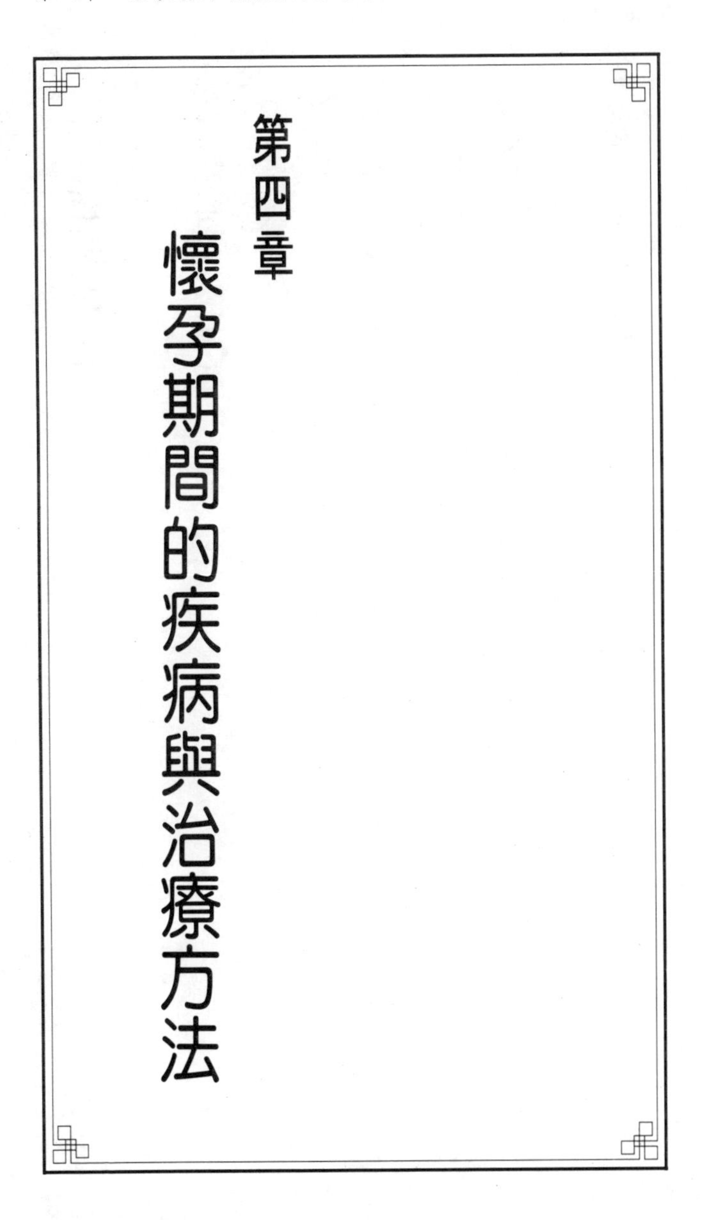

第四章 懷孕期間的疾病與治療方法

流產與早產

①流產與早產的不同

原因相同，但卻因妊娠月數不同而分為流產與早產。

・**流產**——直到懷孕滿七個月（滿二十七週）為止。

・**早產**——從懷孕第八個月初（滿二十八週）到懷孕第十個月的前半（預產期二週之前）。

流產的胎兒幾乎都是死產，而早產的胎兒則仍有可能存活。

死產時要開具死亡證明書。如果是出生後才死亡，則必須同時開具出生證明與死亡證明。而懷孕前三個月的流產，並不需要開立死亡證明。

②流產、早產的原因

包括子宮肌瘤、卵巢囊瘤、頸管無力症、荷爾蒙異常、子宮畸形、頸管裂傷、梅毒、肺炎、流行性感冒、跌倒、腹部受到撞擊、粗暴的性行為、過度劇烈的運動、精神不安等原因。此外，也可能因為某些誘因重複出現而導致流產。

③流產、早產的症狀

包括性器不正常出血及下腹部疼痛二種。不過，有時可能光是出血而沒有腹痛症狀，出血量則多寡不一，疼痛的程度更是各有千秋。但不管是哪一種情形，切記一定要接受醫師的檢查，千萬不可妄自做出判斷。

☆不正常出血

出血是因胎盤的絨毛組織或卵膜由子宮壁脫落而引起的。剝落面較廣則出血量較多，血色也較為鮮艷。再者，剝離面距子宮口愈近血色愈紅，愈遠則愈呈暗紅色。

☆下腹部疼痛

在懷孕初期，會出現如月經痛般的疼痛。疼痛較輕、白色較淡的分泌物增多時，可能是頸管無力症。至於早產，通常不會出現疼痛、出血等症狀，有時可能一下子就破水。這時應

不完全流產	進行流產	迫切流產
	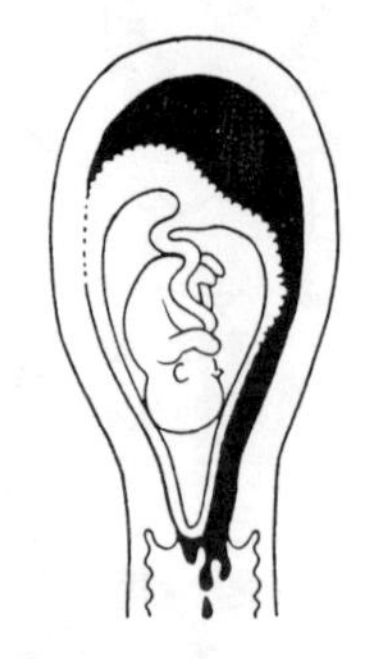	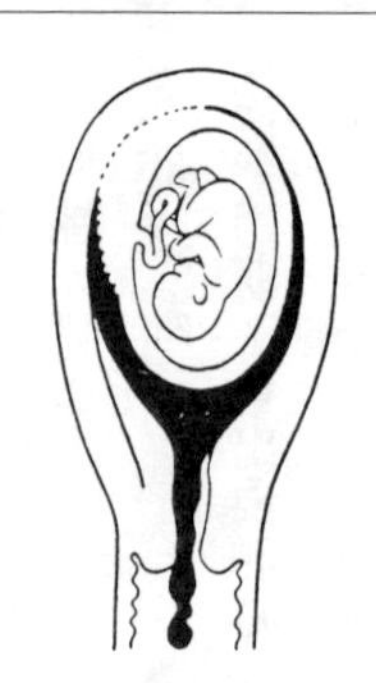
指流產後內容物殘留的狀態，會持續出血，需進行手術治療。	子宮口張開、出血量多。必須儘早施行子宮內容物去除手術。	形成流產狀態，要儘早治療並保持安靜。

在下體墊上乾淨的脫脂綿，然後立刻就醫。可能在幾天以後就會生產，不過嬰兒的發育多半尚未完全成熟。

④流產的型態

☆迫切流產

呈現流產的狀態，有少量出血及黃褐色的分泌物。腹痛輕微、子宮口尚未張開、子宮收縮較弱，要儘早接受治療並保持安靜。

☆進行流產

一旦怠忽迫切流產的治療或保持安靜，那麼等到察覺時，流產的症狀可能已經開始進行了。其特徵是出血量較多，中間夾雜著暗紅色的血塊。子宮口已經張開，每當身體活動就會出血，且有部分絨毛排出。這時，必須儘早接受子宮內容物去除手術。

☆完全流產（全流產）

已經流產，但仍有部分絨毛或脫落膜留在子宮者，稱為不完全流產（不全流產）；已經完全排出體外者，稱為完全流產（全流產）。

完全流產以懷孕初期較多，受精卵也會排出，出血現象幾天內就會停止。不過，它和月經並不一樣。有時可能是異常懷孕，應該讓醫師看看排出物，並且接受診察。

☆不完全流產（不全流產）

在懷孕三個月以後發生，有部分絨毛及脫落膜殘留著。發生不完全流產時，即使大出血停止，仍會持續出現少量的茶褐色出血，必須接受手術治療。

☆殘留流產

與迫切流產症狀類似者，即為殘留流產。幾乎沒有腹痛症狀，出血也較少。這是在懷孕四個月之前，子宮內的胎兒死亡卻無法排出子宮外，長時間留在子宮所引起的。

☆習慣性流產

由於頸管無力症導致子宮口鬆弛，會重複出現流產現象。為防萬一，有過流產經驗的人，最好在懷孕之前先接受醫師的診查。

⑤流產的預防

就某種意義而言，流產是為了排出沒有生存能力的卵子，或是自然淘汰不健康的胎兒而產生的症狀。根據統計，在早期流產當中，八〇%都是屬於先天異常的胎兒。對於流產，應以預防為首要，同時還必須注意日後因擔心流產而引起的後遺症。

此外，還要儘量避免過度劇烈的運動或工作，以及長途旅行，熬夜或不規律的生活方式。

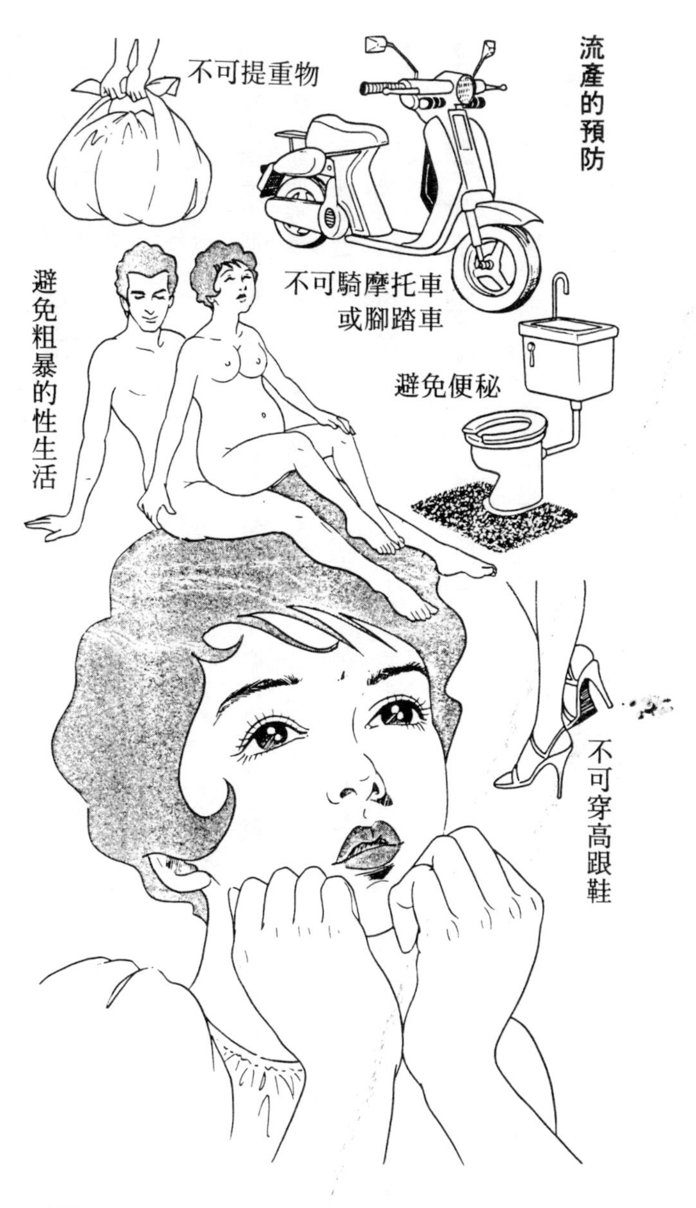
流產的預防
不可提重物
不可騎摩托車
或腳踏車
避免粗暴的性生活
避免便秘
不可穿高跟鞋

妊娠中毒症

①何謂妊娠中毒症？

於懷孕後半期出現的疾病，症狀包括手、腳、臉浮腫、體重增加、尿中出現蛋白、血壓上升等。初期時幾乎不會有疼痛或痛苦等症狀，因此往往發現得太遲。

如果放任不管的話，可能會進行到「子癇」這種對母體和胎兒都會造成影響的可怕狀態。

據說，懷孕初期的惡性孕吐，也是妊娠中毒症的一種。

②妊娠中毒症的原因

實際原因不明。總之，主要是因母體在懷孕期間產生變化，使得身體各種機能處於失調狀態所引起的。

傾向方面，以高齡初產婦，冬天較多出現。此外，心臟、腎臟、肝藏有毛病的人，也較容易出現這種症狀。當然，這只是統計數字所顯示出來的概況而已，詳細情形往往因人而異。

☆浮　腫

如果每到傍晚就會出現水腫現象，長時間站立時足脛前方會出現輕微浮腫症狀，則不必擔心。

反之，如果一大早，腳背、臉、手就變得浮腫，那就必須注意了。

若體重在１週內增加500g以上，就必須注意了

☆尿蛋白

接近生產期時，尿蛋白有時會出現（＋）的結果。如果在懷孕八個月以後開始出現（＋），則必須保持警戒。和浮腫一樣，由於自己並不瞭解，因此一定要定期接受檢查，否則無法發現。

☆高血壓

有時要等到出現頭痛、頭暈、頭昏眼花等

自覺症狀才會察覺。不過，如果定期接受檢查的話，將會發現血壓慢慢上升或其它症狀。

☆體重增加

隨著胎兒的發育，體重會逐漸增加。而當懷孕期間體重在一週內增加五〇〇公克以上時，就必須注意了。

③妊娠中毒的種類

☆純粹妊娠中毒症

原本並未罹患腎炎、高血壓症等疾病，但自懷孕以後，卻出現浮腫、高血壓、蛋白尿等症狀。

☆混合妊娠中毒症

上次懷孕時罹患的中毒症，與高血壓症、慢性腎炎併發的情形。

☆特殊妊娠中毒症

• 子癇——在懷孕期間、分娩時、分晚後隨時都可能發生的可怕疾病。被視為是高血壓的腦症，會併發痙攣、昏睡等症狀。一旦發作，要注意避免咬到舌頭。因為對母體和胎兒而言都是危險的狀態，故先決條件在於早期發現、早期治療。

・**胎盤早期剝離**——胎盤對胎兒而言，是重要的氧補給管道。胎盤在胎兒出生之前從子宮壁剝落，當然會造成胎兒的死亡。一旦形成妊娠中毒症時，胎盤血管也隨之硬化，為了使體液維持平衡，血壓必然會上升。在無法忍受血壓上升的情況下，胎盤血管因破裂而導致剝離。

☆妊娠中毒症所引起的後遺症

生產後，浮腫與高血壓大約二週內就能恢復正常，蛋白尿大約一個月內就會消失。但是，這些症狀若是一直持續下去，或是在不知不覺中放任不管，那麼下次懷孕時不僅會再度復發，有時還會更加惡化，因此完全治療是非常重要的。

☆妊娠中毒症所產生的早產未熟兒

妊娠中毒症的另一個特徵，就是大多會生下早產未熟兒。胎盤機能一旦不如理想，子宮自然也不會是舒適的居住環境，因此會造成很多未熟兒。此外，由於胎盤老化迅速，陣痛會提早出現，是造成早產的原因之一，其另一個特徵，就是即使體重相同，與正常懷孕的嬰兒相比，大多會生下較為孱弱的嬰兒。

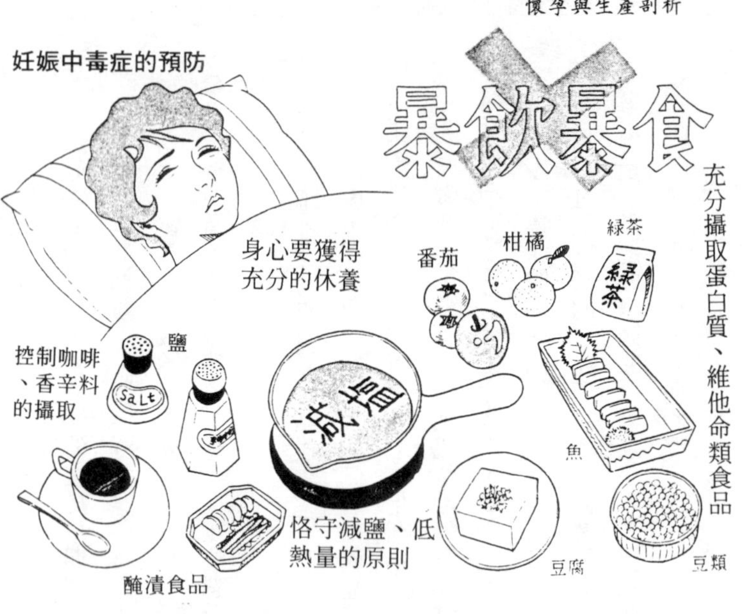

④妊娠中毒症的注意事項

☆必須保持安靜

不只是肉體的安靜而已，精神上也必須保持安靜。一天當中，應儘可能分成上午、下午二個階段，至少在床上躺個數小時。切記要充分休養，不可過度疲勞。

☆食物療法

基本上應遵守減鹽、低熱量的原則，多攝取蛋白質和維他命類食品。

・**減鹽食**——食鹽成分中的鈉，會使血壓升高、促進水腫，也會增加腎臟的負擔。症狀較輕時，鹽分攝取為平常的一半以下。大致標準為一天八公克左右。味噌湯、醬油、醃漬菜等，應儘量選擇鹽分較低、熱量較少的種類。每餐最好吃八分飽，並控制香辛料和咖啡的攝取。

・**蛋白質、維他命類的攝取**——柑橘、綠茶等應多多攝取。此外，還要從豆腐、豆類、低脂肪肉類、魚等食品中充分攝取蛋白質。

・**水分的限制**——當全身出現浮腫症狀時，注意水分不可攝取過多。如果只是輕症，則不必加以限制。

子宮外孕

①何謂子宮外孕？

在正常的情況下，受精卵會通過輸卵管在子宮內著床。至於子宮外孕則如文字所示，是指在子宮外著床的意思。可能是在輸卵管、卵巢或腹腔內著床，其中又以輸卵管居多。

②子宮外孕的原因

在第一章中曾經說過，在從輸卵管到子宮之前的蜜月途中，可能會引發子宮這種疾病。究其原因，主要是由於輸卵管的通道不良，才會導致在輸卵管懷孕的情形。

至於通路不良的原因，則可能是淋菌性或結核性附屬器官（輸卵管、卵巢）發炎或輸卵管異常痙攣所造成的。

③子宮外孕的症狀

會在懷孕初期（二～四個月）導致異常出血的疾病，包括流產、子宮外孕及後面將要介紹胞狀奇胎。

子宮外孕依著床部位不同，症狀也各有千秋。

☆輸卵管流產

如果著床在輸卵管前端部位或卵巢、腹腔內，通常在較早時期就會造成流產。因此，出血及下腹部疼痛等症狀較為緩和。不過，當發生輸卵管流產時，一定要住院接受手術治療。

☆輸卵管破裂

受精卵在輸卵管的狹窄部分，也就是輸卵管峽部這個輸卵管間質部著床時，非常地危險。輸卵管並不像子宮壁那樣是能夠伸展、擴大的肌肉，因此一旦受精卵在此發育，就會朝腹腔內破裂。

症狀方面，除了下腹部的某一側產生劇痛以外，腹腔內的內出血嚴重時會引起貧血狀態，肛內壓迫症狀及全身狀態也都不好。

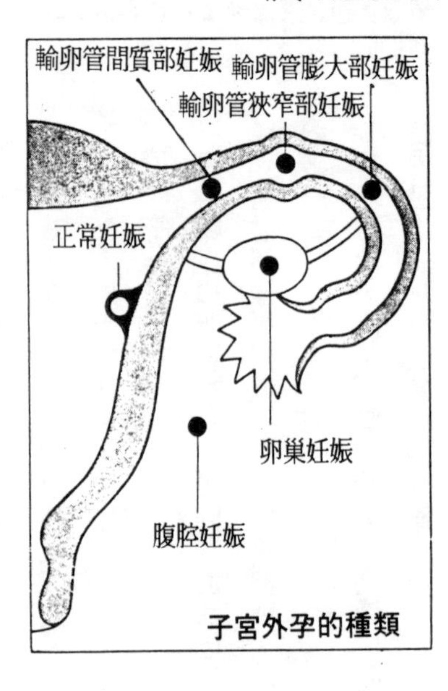

子宮外孕的種類

這時必須立即送醫接受手術治療。

一般來說，子宮外孕的性器出血量較少，顏色為暗紅色。另外，子宮外孕所造成的輸卵管破裂，在懷孕二～三個月時出現最多。

值得注意的是，左右的下腹疼痛，有時被誤以為是盲腸或腸炎，幾乎不會發燒、頻頻產生便意、疼痛擴散為其特徵。總之，當懷孕二～三個月出現出血或腹痛等症狀時，不可自行診斷病情，而要立即就醫。

④子宮外孕的治療

子宮外孕如果不切除輸卵管的話，出血大多無法停止。所以，當懷疑可能是輸卵管破裂時，就要緊急住院。

輸卵管去掉一條後，還有另外一條及兩邊的輸卵管，故不需擔心導致不孕。

胞狀奇胎

①何謂胞狀奇胎？

即一般所謂的「葡萄胎」。由於形成胎盤的絨毛組織發生異常，因此除了少數例外以外，胎兒幾乎都無法存活。因其在子宮內形成小水胞，看來有如葡萄串一般，故稱之為葡萄胎。

胞狀奇胎的特徵之一，就是在懷孕初期會有腹痛及出血等症。附帶一提，會出現上述症狀的，包括流產、子宮外孕及胞狀奇胎三種。

遺憾的是，詳細原因目前還不清楚。

②胞狀奇胎的症狀

像流產一樣，會持續出現少量出血的症狀。但有時也會有大量出血的情形出現，必須注意。

特徵包括：

⑴孕吐嚴重

⑵與懷孕月數相比子宮較大（當胎兒停止發育而被吸收時，子宮會變小）

⑶子宮異常柔軟

⑷子宮雖大但聽不到胎兒的胎音。

③胞狀奇胎的治療

當感覺「怪怪的」時，要立刻進行尿液檢查。而檢查用的尿液，一定要是早上的第一泡尿才行，以便檢查尿中絨毛性性腺刺激荷爾蒙（ＨＣＧ）的濃度。

在懷孕診斷項目中曾經提到，懷孕二～三個月時，尿中會出現ＨＣＧ。如果懷的是胞狀奇胎，則ＨＣＧ會大量產生。

在懷孕第四個月末以後，要接受Ｘ光診斷。如果是胞狀奇胎，則根本看不到胎兒。這時必須利用搔刮手術將其去除。不過，單單一次手術往往無法完全清除內容物，因此要多做幾次手術才行。

胞狀奇胎（葡萄胎）

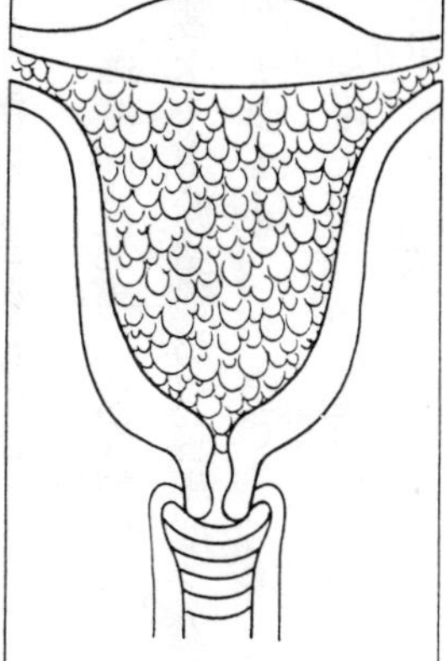

在子宮內形成幾個小水胞，但胎兒實際上並不存在

所謂的「破壞性胞狀奇胎」，是指胞狀奇胎進入子宮肌層內的情形。這時別無它法，只有去除子宮一途。總之，截至目前為止還沒有預防方法。

④何謂絨毛上皮瘤？

懷有胞狀奇胎以後，會因絨毛性性腺刺激荷爾蒙而引起屬於惡性癌之一的絨毛上皮瘤。

絨毛上皮瘤會隨著血液循環轉移到肺、腦及其它部位，是非常可怕的疾病。

在以搔刮手術刮除胞狀奇胎過了一個月後，如果還能檢查出ＨＣＧ（絨毛性性腺刺激荷爾蒙），就表示可能罹患了絨毛上皮瘤。

萬一在此疾病的警戒期中懷孕，由於很難區別到底是懷孕的ＨＣＧ或絨毛上皮瘤的ＨＣＧ，因此必須特別注意。

除了定期接受檢查以外，還必須避孕二～三年。

前置胎盤

①何謂前置胎盤？

胎盤通常都附著於子宮的上部，前置胎盤則是附著於子宮口（嬰兒的出口）附近，會堵住嬰兒的出口。

②前置胎盤的原因

過度的搔刮手術或受精卵發育不良，導致正常的著床部位不適合著床時，就可能會在下部著床。由於胎盤是以著床部位為中心而發育，因此一旦出現前置胎盤的情形，就會如圖所示堵位子宮口。

利用三根手指通過子宮口的內診，可將前置胎盤區分為全前置胎盤、部分前置胎盤、邊緣前置胎盤及低置胎盤等。

前置胎盤的種類

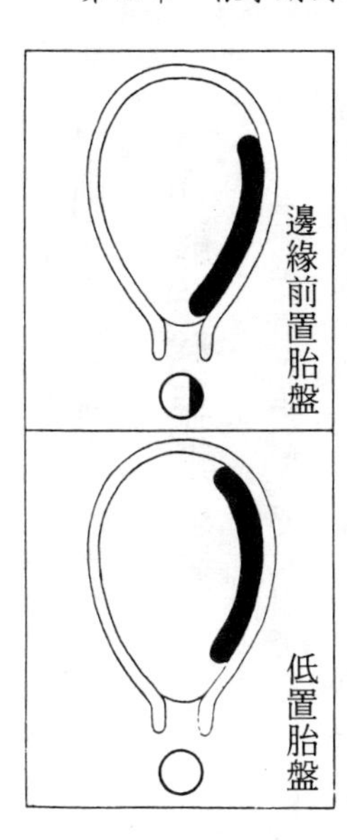

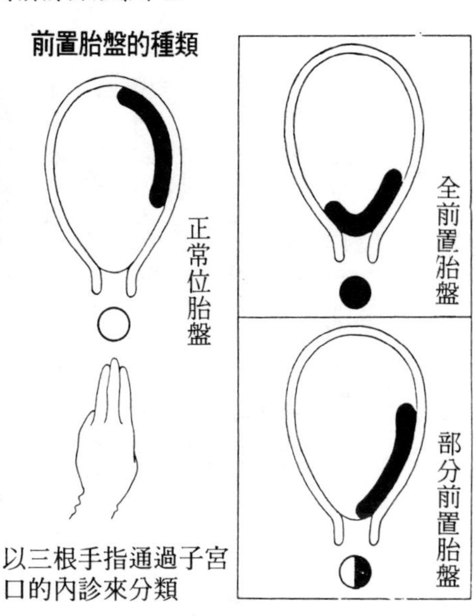

以三根手指通過子宮口的內診來分類

③前置胎盤的症狀

在懷孕後半期會出現出血症狀。此外，出血量較少、不出血或突然大出血等情形也可能出現。前置胎盤的主要特徵，就是通常不會有疼痛感。

④前置胎盤的治療

出血和疼痛較少，大多在接近生產期時才診斷出來。

如果還沒有收縮現象，可在陰道內塞入東西暫時止血，繼續懷孕狀態直到接近預產期為止。

但如果出血量較多，或者胎盤堵住嬰兒出

口，則必須以剖腹方式取出嬰兒。

⑤何謂胎盤早期剝離？

一般而言，胎盤在嬰兒出生以後，會以後產的方式自然脫落。但如果因為妊娠中毒症或撞擊等因素，導致胎盤在嬰兒出生前就由子宮壁脫落的情形，稱為胎盤早期脫離。與前置胎盤同樣，是在懷孕後半期會伴隨出血症狀的疾病。

引起胎盤早期脫離時，外出血比內出血更為嚴重，而且會突然產生為其特徵。除了劇烈疼痛以來，還會出現貧血等全身症狀。

胎兒死亡的機率較高，對母體也會造成危險。

主要是在懷孕八個月以後發生。一旦子宮突然持續收縮、下腹部如木板般僵硬，很可能就是胎盤早期剝離，必須趕緊送醫。

胎盤早期剝離的處置方法，大多是以剖腹方式取出胎兒。

骨盤位（倒產兒）

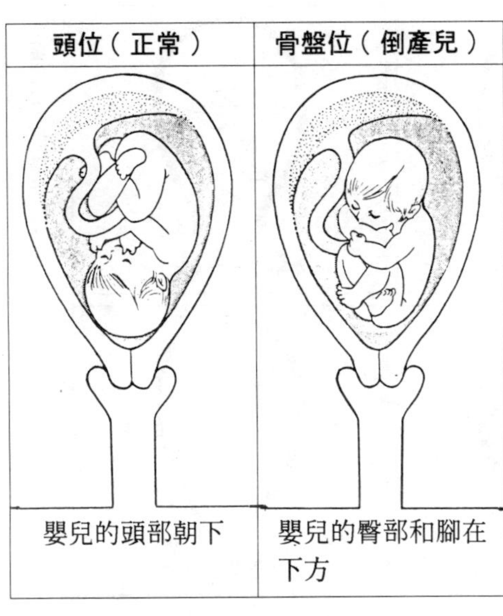

①何謂骨盤位？

胎兒在子宮內的姿勢，包括頭朝下的正常分娩頭位、臀部或腳朝下的骨盤位及橫向側面的橫位等。

骨盤位當中，又分臀部先出來的臀位、膝蓋先出來的膝位及腳先出來的足位等。

②骨盤位的原因

未熟兒或雙胞胎、羊水過多症、前置胎盤、骨盤狹窄、子宮肌瘤等異常狀況，都會引起

倒產兒出生的情形

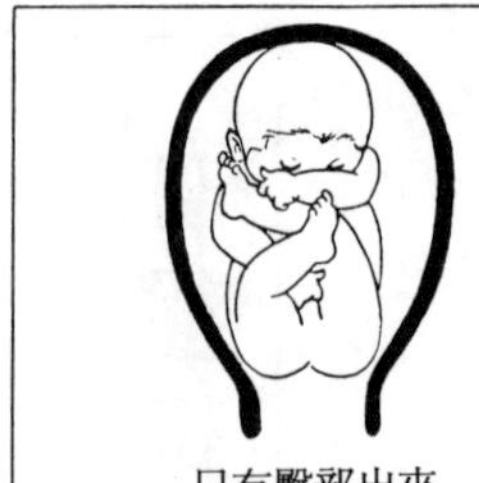

只有臀部出來

臀部和腳一起出來

只有一隻腳伸出來

雙腳先出來

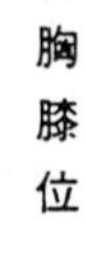

☆胸膝位

臀部成拱圓形

臀部（腰）太低

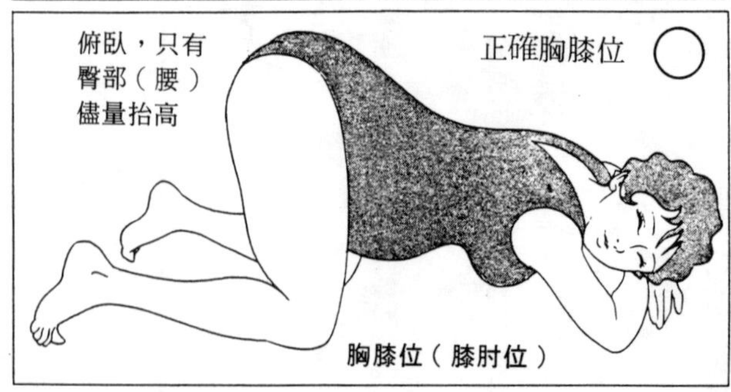

胸膝位（膝肘位）

骨盤位。有時即使沒有任何異常，一樣會形成骨盤位。

在懷孕七～八個月之前，子宮內部仍有發展餘地，故不必擔心倒產兒的問題。之後隨著胎兒的發育，頭部變重，很自然地形成穩定的頭位。

懷孕過了九個月以後，仍然維持倒產姿勢的，約為三～五％。

③骨盤位的外轉術

又稱膝肘位。在請醫師、助產士施行外轉術之前，孕婦可依照前頁圖所示的姿勢，每天做上幾次，自然就能使胎兒回到頭位。

藉著抬高腰部的運動，維持與平常相反的姿勢，就能使進入骨盤內的胎兒臀部和腳浮上來。

☆外轉術

醫師或助產士由孕婦的腹部上方，用雙手轉動胎兒使其回到頭位。

施行時最好保持空腹狀態。一旦成功以後，要用腹帶綁住腹部，並避免沐浴及外出。

勉強恢復頭位是很危險的，因此事前一定要先和醫師商量。有時，仍然維持倒產姿勢反而比較安全。

☆剖腹產

因足位而致子宮張開度不良或臍帶突出時，必須進行剖腹產。

☆骨盤狹窄

一般而言，胎兒的大小與母體的大小成正比。如果只是輕微的骨盤狹窄，則不必進行剖腹就能自然生產。

造成骨盤狹窄的原因，大多是先天性骨盤發生不良或骨瘍、佝僂病等骨骼疾病或背柱變形。

這時再怎麼做也是徒勞無功。即使在懷孕初期、中期照骨盤X光，也毫無意義。

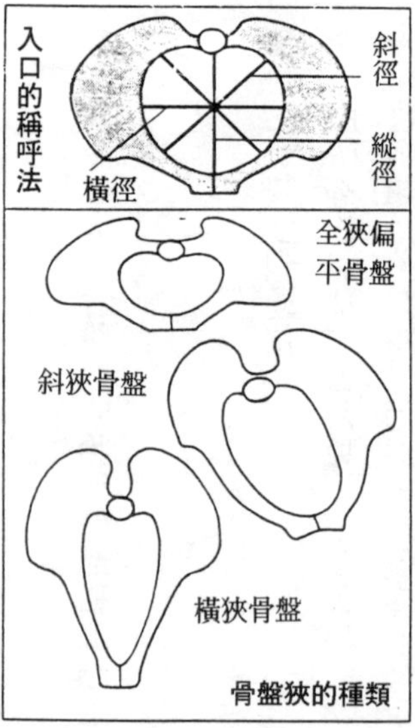

入口的稱呼法
斜徑
縱徑
橫徑
全狹偏平骨盤
斜狹骨盤
橫狹骨盤

骨盤狹的種類

羊水過多症

①何謂羊水？

羊水是由卵膜最內側的羊膜所分泌出來、保護胎兒的液體。

羊水形成的構造

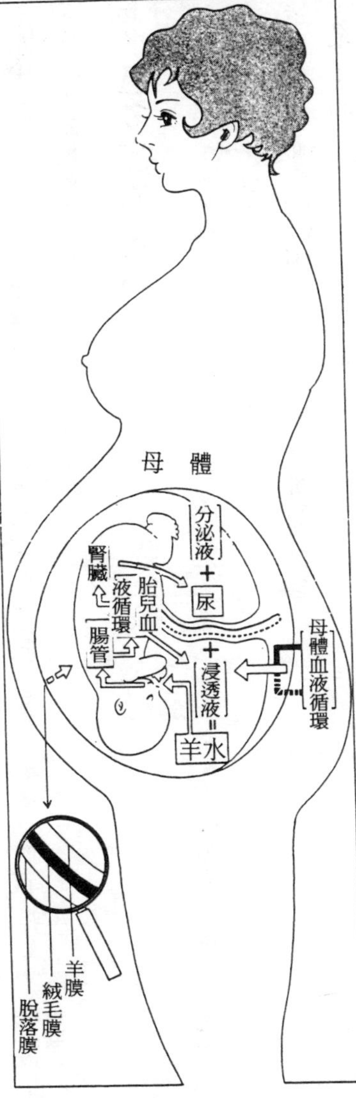

羊水中含有胎兒尿液、卵膜排出的老舊廢物及產後肺呼吸作用必要的物質。

羊水會不斷地產生、吸收，且保持適量狀態。

②羊水過多症的原因

懷孕末期的羊水量約在五〇〇cc～一〇〇〇cc左右。而當生產、吸收發生異常時，可能會高達二〇〇〇cc以上。

造成羊水過多症的原因，可分為胎兒及母體兩方面。

☆胎兒方面

◉因頭部畸形或脊髓破裂而致脊髓液混入羊水中。

◉因消化器官系統發生故障而使得羊水吸收能力減退（胎兒吞下羊水後，經過腸管來到血管內，再由母親的血管內吸收）。

◉一卵性雙胞胎共有同一個胎盤，因此胎兒的發育會產生差距。一般而言，發育較好的胎兒，會有羊水過多的情形；發育較差的胎兒，則會出現羊水過少的情形。

☆母體方面

◉因心臟、腎臟發生障礙、血液循環不良所引起。

◉罹患糖尿病時，胎兒的尿液也會增多。

③羊水過多症的症狀

與妊娠月數相比腹部異常增大，肺部和心臟因受到壓迫而感覺痛苦。此外，容易引起破水或早產。一旦破水，會導致臍帶脫出，甚至危及胎兒的性命。

羊水過多時，很難對胎兒進行診察或胎音檢查。急性情形可能在懷孕四、五個月時，子宮就急遽增大；慢性情形則在懷孕六、七個月時，子宮增大的現象也會變得非常明顯。

④羊水過多症的治療

羊水太多時，必須採取鹽分攝取的食物療法。必要時，也可以用注射器取出羊水，或使用利尿劑加以調節。

雙胞胎

①何謂雙胞胎妊娠？

胎兒與胎盤的狀態

二卵性雙胞胎①	同時期排卵的二個卵子同時受精。胎盤有二個。	因為有各自的胎盤，故嬰兒的發育不會出現明顯的差距。有時會出現一邊為男孩，一邊為女孩的情形。	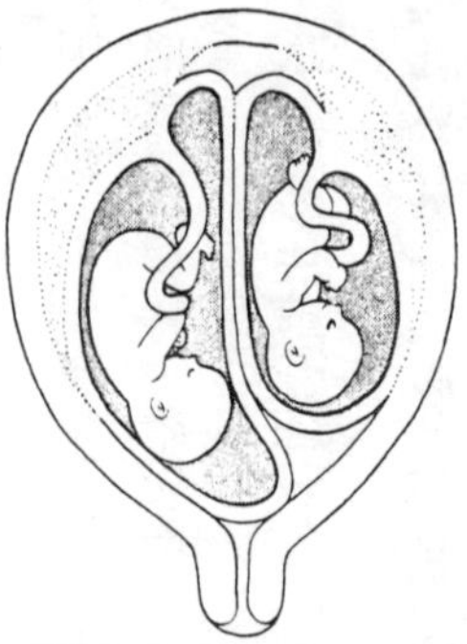
二卵性雙胞胎②	形成方式與①相同，但二個胎盤相互接觸		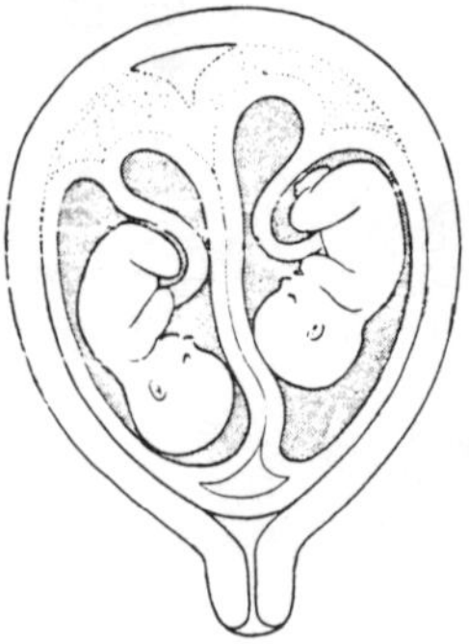
一卵性雙胞胎	由一個受精卵形成二個胎芽，只有一個胎盤	由於共有一個胎盤，因此會產生發育差	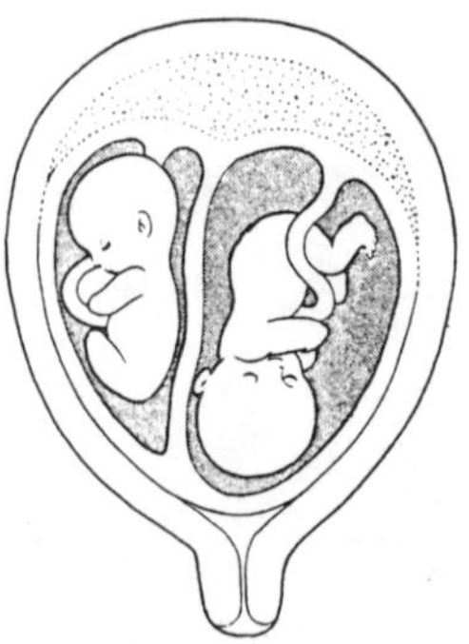

雙胞胎包括『一卵性雙胞胎』與『二卵性雙胞胎』兩種。

☆一卵性雙胞胎

◎由一個受精卵形成二個胎芽，生下二個嬰兒。

◎只限於二個男嬰或二個女嬰，不會出現一男一女的情形。

◎因為共有一個胎盤，故很容易造成發育差距。

◎體質、智能、性格極為類似，但長時間受到不同的影響後也會產生差距。

☆二卵性雙胞胎

◎偶爾在同一時期會排出二個或二個以上的卵子，同時受精後在子宮內著床，便稱為二卵性雙胞胎。

◎通常是男女各一。因為各自擁有胎盤，所以不會有發育差，此外臉型和性格也不同。

哪一個是姐姐呢？

根據法律規定，雙胞胎中先出生者為姐姐（哥哥）

如果服用排卵促進劑的話，甚至還可能生下「五胞胎」。

◎附帶一提，有些地方的法律規定，先生下來的孩子為弟弟（或妹妹）。如果是雙胞胎妊娠的情形，則需要二本母子健康手冊。

②雙胞胎的生產

有時，腹中胎兒可能是一邊為倒產兒或兩邊都是倒產兒。當然，以正常位分娩的情形也有。第二個孩子通常會在大約三〇分鐘後出生。即使已經足月，嬰兒的體積也較小，因此生產過程較為輕鬆。此外，也可能生下未熟兒或低體重兒，所以要到設備良好的醫院生產較為安心。

第五章
生產的準備與知識

生產的準備

①在預產期之前二週做好準備

為免在臨盆之際手忙腳亂，至少在預產期之前二週就要做好一切準備。

☆生產準備用品（住院生產的情形）

——衛生用品——

○脫脂綿（500g）　二個
○丁字帶　三片
○塑膠袋（90×90cm）　三個
○洗臉用具　一套

——衣　物——

○便服（前開式，胸、腹部較為寬鬆者）　二套

○捲腰布　二條
○內衣褲　二～三件

——其　他——

○拖鞋
○日用品（衛生紙、茶杯、筷子等）
○母子健康手冊、健保卡

●如果是在家中生產，則需準備以下的東西：

——衛生用品——

○生產用具（生產用床單、墊物等）　一套
○洗臉盆　二個
○插入式便器（西式較為方便）　一個
○塑膠袋（裝胎盤及其它污物）　適量
○逆性肥皂液　適量

○酒精　適量

——其　他——

○保溫器具（在寒冷季節裡要準備熱水袋）　一個

○手電筒　一把

○體溫計　一支

☆嬰兒用品

——穿著衣物——

○內衣褲（紗布、綿紗衣）　三件

○長內衣（紗布製）　三件

○小襖　三件

○上衣（視季節而定）　三件

〔●配合季節選擇〕

○尿布（西式以一件為一組，中式以二件為一組。在住院期間，醫院會供應尿布，出院時別忘了帶幾片回家）　十五～二〇組

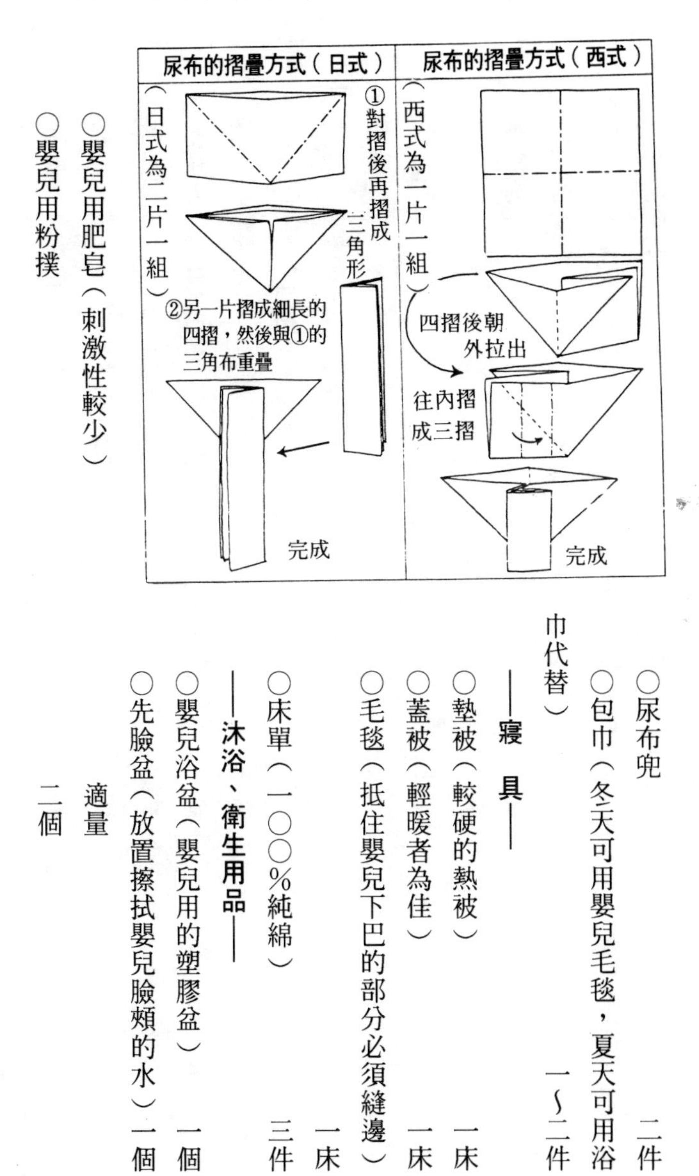

○尿布兜　二件

○包巾（冬天可用嬰兒毛毯，夏天可用浴巾代替）　一～二件

——寢具——

○墊被（較硬的熱被）　一床

○蓋被（輕暖者為佳）　一床

○毛毯（抵住嬰兒下巴的部分必須縫邊）　一床

○床單（一〇〇%純綿）　三件

——沐浴、衛生用品——

○嬰兒浴盆（嬰兒用的塑膠盆）　一個

○先臉盆（放置擦拭嬰兒臉頰的水）一個

○嬰兒用肥皂（刺激性較少）　適量

○嬰兒用粉撲　二個

○沐浴巾（包住嬰兒放入洗澡水中） 二條
○嬰兒毛巾（供擦臉或授乳時使用） 十二條
○棉花棒（去除耳鼻污垢） 適量
○指甲刀（選擇嬰兒專用、尖端為圓形的指甲刀） 一個
○浴巾（富吸濕性、質地柔軟者） 二～三條

——哺乳用品（使用人工營養者）——

○奶瓶（耐熱的玻璃或塑膠製品） 三～八個
○奶嘴 三～八個
○調乳用瓶 一個
○奶瓶夾 一個
○奶瓶刷 一個
○奶瓶消毒器 一個

在嬰兒用品當中，有些在住院時並不需要，不過還是要事先準備好。有關住院時需要哪些東西，可向院方詢問。為了方便辨認，可在這些項目上打上記號。

②每天洗澡，保持充足的睡眠

產後有長達一個月的時間不能洗澡，因此這時要每天洗澡，保持身體的清潔。如果無法入浴，則必須用溫水擦拭身體。尤其是在「分泌物」較多的時期，更要隨時保持外陰部的清爽。

為了貯備生產時的體力，產前一定要擁有充足的睡眠。尤其是初次生產，往往必須長期奮戰，沒有充沛的體力是無法應付的。要是晚上睡不著的話，不妨在白天睡個午覺，總之，絕對不能有睡眠不足的情形產生。

③外出次數應減少至最低限度

為免出遠門或在擁擠的人群中突然要生產了，外出應該僅限於到附近購買一些日常用品。最好也不要一個人待在家裡。請婆婆或母親、附近鄰居前來作陪，或是回鄉生產，都是可行的辦法。

④記錄應該要讓所有的人都看得懂

為了預防萬一，下列事項應該事先記錄下來。

・**計程車公司或無電線計程車的聯絡電話**——字體要寫得大一些。

・**醫院的電話號碼和簡單地圖**——為了方便第一次去的人認路，應事先畫一張前往醫院的路線圖。

・**丈夫工作單位的電話號碼**——為了方便前來幫忙的人與丈夫連絡，可將其電話號碼記在黑板或隨身攜帶的記事簿上。此外，部門名稱及內線電話號碼都要詳細記錄。

・**隨身攜帶的東西，必要的文件等**——事先交給看家的人。

生產的開始

①接近生產的徵兆

接近生產時，會出現以下的徵兆。這時必須作好到醫院去的準備，並且儘快通知周圍的人。

⑴分泌物比平常更多。

⑵胎兒的活動比平常更為劇烈。疼痛開始後，可以輕輕撫摸下腹部或採行腹式深呼吸以減輕痛苦。

⑶出現腳抽筋、疼痛等症狀。大腿根部與小腿肚會產生抽筋現象。此外，腰部有沈重感，有時還會感覺疼痛。

⑷一天當中會多次感覺到程度較弱、不規則的子宮收縮。不過，這通常不是真正的收縮。可以先觀察一陣再到醫院去。

②迎接生產的母體準備

為使生產順利進行，產婦體內會產生各種變化。

首先，在懷孕末期與骨盤骨相連的關節會變得鬆弛，生產時並稍微擴張以方便嬰兒通過。

子宮頸管通常會緊密閉合，如果是初產婦的話，手指根本無法通過。其後隨著子宮收縮（陣痛）增強，子宮下部到頸管的組織會伸展而張開產道。這時，卵膜的一部分脫落，因此會有摻雜血液的分泌物（開始生產的徵兆）出現。由於子宮收縮，尋求脫逃道路的羊水會積存在剝落的卵膜部分，形成膨脹的部分。這就是所謂的胎胞。

子宮收縮增強、間隔縮短時，子宮內的壓力相對地增高，形成產道的部分就會增大，胎胞也更為膨脹。胎胞因無法忍受壓力而破裂的現象，稱為破水。到了這時，已經正式進入胎兒即將通過產道的準備期了。一般分娩期中的第一期，就在此時劃下句點。

③生產開始

當出現以下症狀時，就表示生產已經開始。

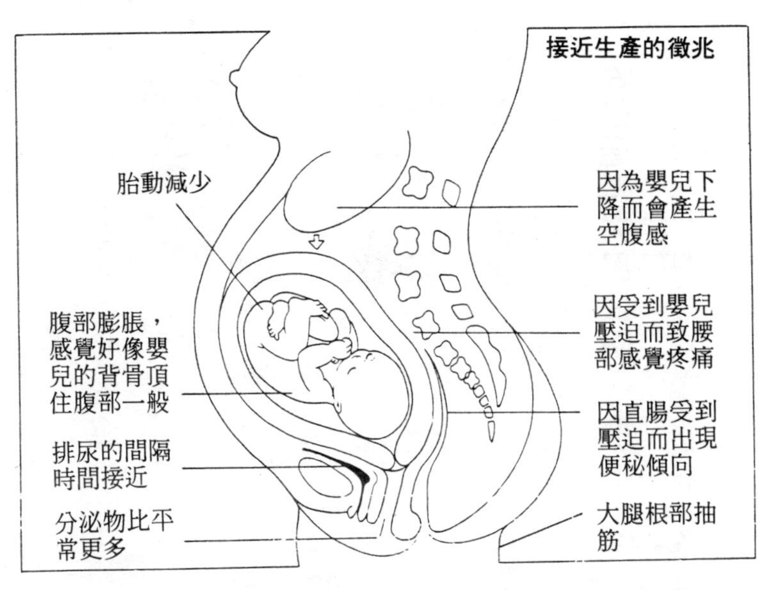

☆陣　痛

原先不規律的收縮，開始變得規律、正常。通常每三〇分鐘收縮一次，每次歷時約二〇秒。收縮是子宮為了將胎兒推出子宮外所採取的動作。

隨著時間流逝，陣痛的間隔時間逐漸縮短，每次的收縮時間則增長，而疼痛也從緊繃的程度演變為真正的疼痛。

☆徵　兆

子宮口張開時，會有「混雜血液的粘液狀分泌物」從陰道流出。這就是在子宮規律收縮（陣痛）前後會出現的徵兆，但有時會提早出現，有時則會延遲出現。因此，如果因為只出現陣痛及其它徵兆，卻沒有出血症狀而拖延住院時間，很可能會來不及。

☆破　水

包住胎兒的膜破裂以後，溫熱的水會從陰道流出。破水是生產的開胎，通常並不會造成難產。這是應該冷靜用乾淨的綿花墊住，然後立刻到醫院去。

有時破水量很少，以致當事人不是毫無所覺，就是誤以為是漏尿。為了加以確認，可以稍微移動一下身體，如果還是有潮濕的感覺，就是破水了。此外，也可以插入生理用的衛生棉棒，如果棉棒是濕的，就是破水。

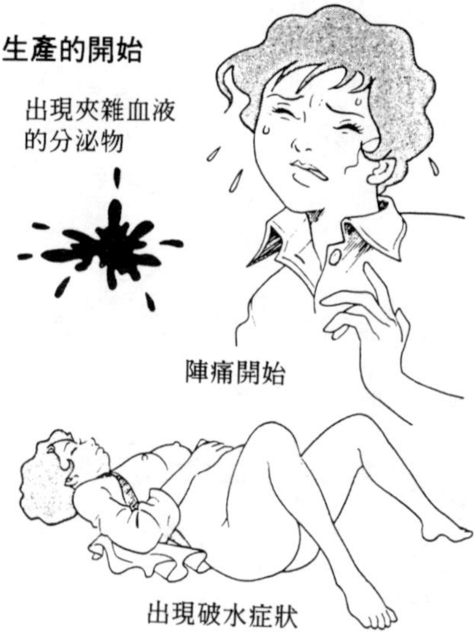

生產的開始

出現夾雜血液的分泌物

陣痛開始

出現破水症狀

以上三個徵兆出現的順序並不一定，但是卻一定會出現。

④生產徵兆與住院時機

雖有出血，但是陣痛還不規則時，不用慌張。可以等到陣痛變得規則、間隔時間縮短以後再到醫院去。如果是在家中分娩，則應該趕緊聯絡助產士。

如果分泌物非常粘的話，表示生產的過程已經在進行當中。為了安全起見，經產婦最好趕快住院。

當陣痛開始而還沒有出血症狀時，不妨先觀察情形再說。一旦開始出血或陣痛縮短、增強，則必須立刻住院。

一旦出現破水，就是要開始生產的徵兆了。即使是在半夜，也要立刻送醫院。在驅車前往醫院的途中，可使用T字帶並墊上厚厚一層脫脂綿。

初次生產的人，往往因過度慌亂而無法做出正確的判斷。如果真的不知該如何是好，記得趕緊請教醫生或助產士。

⑤乘車前往醫院時的注意事項

乘坐計程車或自用車前往醫院時，孕婦應淺坐在座位上，雙腳牢牢地踩在前方。如果深坐在座位上的話，將會使腹部受到壓迫而感覺痛苦。此外，車子搖晃會使陣痛間隔縮短、強度增高，不過這些都只是暫時的現象而已，不必太過擔心。

生產經過

生產所需的時間因人而異。有的人從陣痛開始大約要花一晝夜，有的人只要半天就結束了。一般而言，初次生產平均需要花十四～十六小時，經產則為七～八小時。

分娩經過大致可分以下三個時期。

●**第一期（開口期）** 指從子宮收縮（陣痛）開始，到子宮口完全張開，嬰兒頭部完全通過的時期。

●**第二期（娩出期）** 指子宮完全張開，嬰兒分娩到外面的時期。

●**第三期（後產期）** 指嬰兒出生後，胎盤從子宮壁脫落、隨著臍帶一起排出體外的時期。

①分娩第一期（開口期）

具有「徵兆」，前陣痛開始後，子宮口會慢慢擴張，直到嬰兒的頭部能夠通過為止，稱

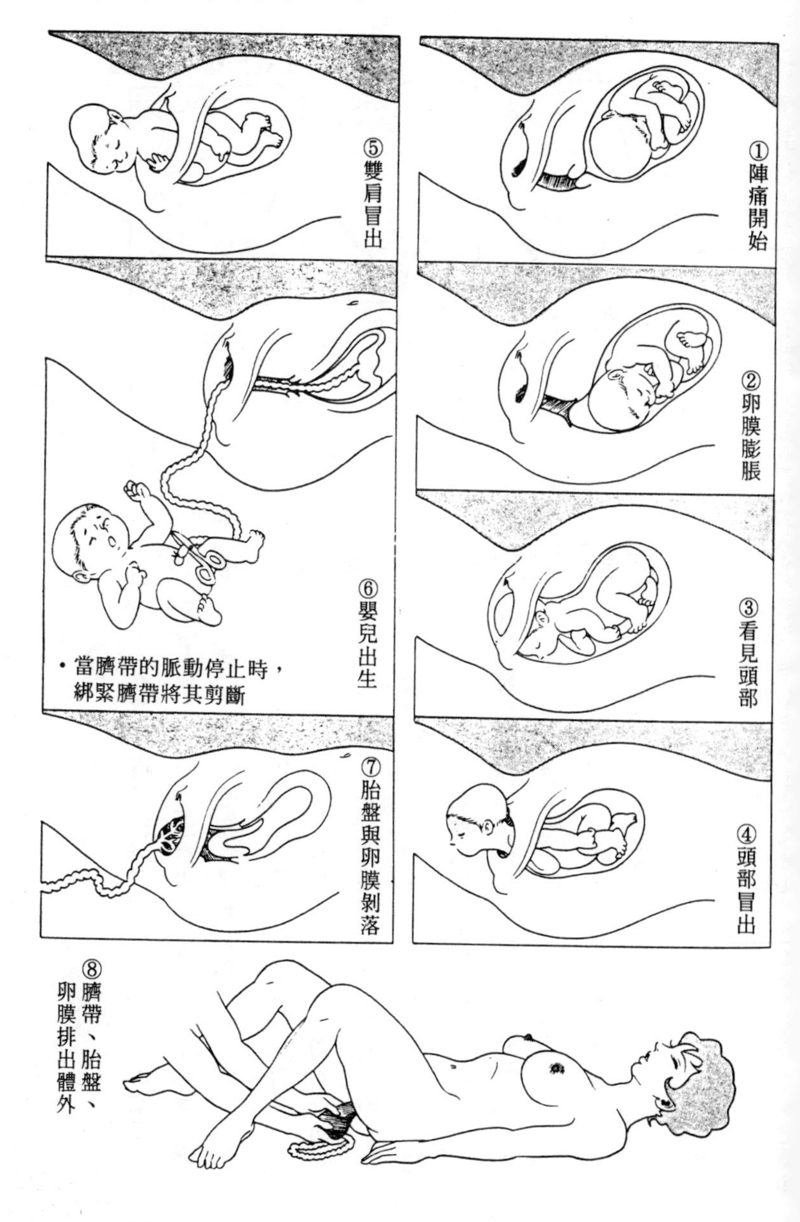
①陣痛開始
②卵膜膨脹
③看見頭部
④頭部冒出
⑤雙肩冒出
⑥嬰兒出生
・當臍帶的脈動停止時，
綁緊臍帶將其剪斷
⑦胎盤與卵膜剝落
⑧臍帶、胎盤、
卵膜排出體外

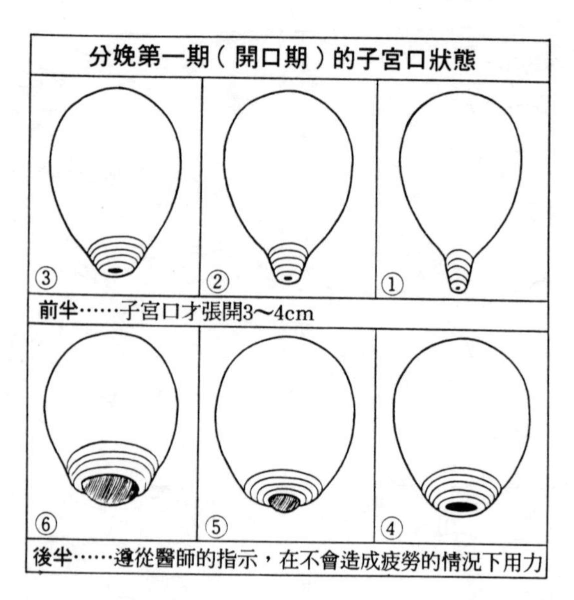

為全開。

初產婦從陣痛到子宮口全開，大約需要一〇～十二小時。儘管事前已經做好了心理準備，但是這時仍然會感到不安。

子宮口開口的程度，大多是以能伸入幾根手指來表示。其中張開約一指、二指的時期，經常因為忙於安排住院或處理雜務而忽略了。

當子宮口張開約四～六公分時，子宮收縮所引起的疼痛會使人眉頭都縐起來，此外一次時間較長的陣痛也會重複出現。從陣痛開始到這個時候，通常已經過了六～七小時。

前面還有很長的路要走，因此產婦一定要咬牙繼續奮戰，千萬不能投降。

分娩第一期的胎兒狀態①

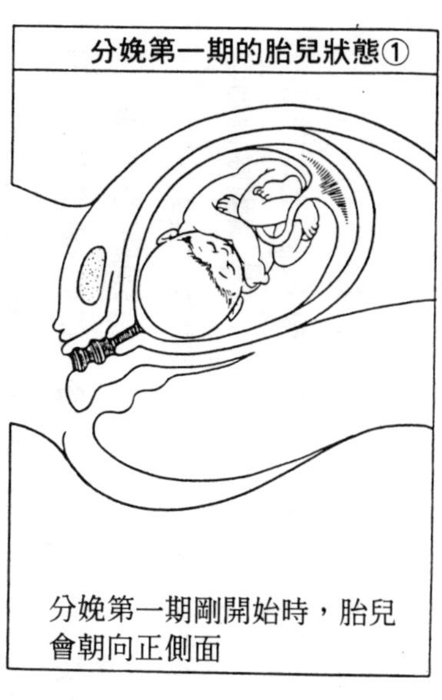

分娩第一期剛開始時，胎兒會朝向正側面

分娩第一期的胎兒狀態②

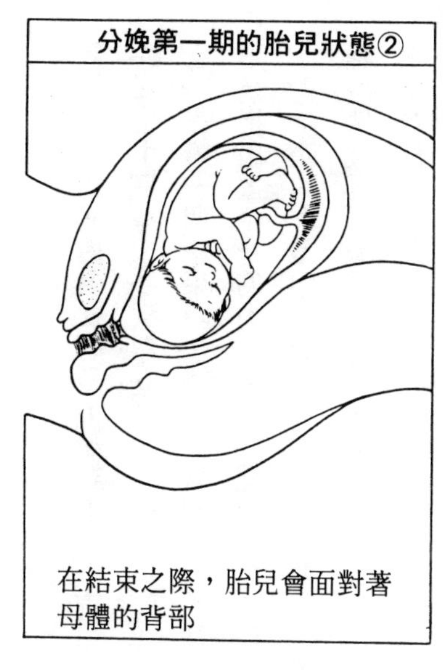

在結束之際，胎兒會面對著母體的背部

☆前半期要保持輕鬆的心情

子宮口從張開到開至三～四公分為止，只要沒有破水等異常現象，不妨和在旁陪伴的人說話或四處走走，儘量保持輕鬆的心情……。

另一方面，護士或助產士要檢查胎兒的心音或血壓，並為產婦進行浣腸。

這時還不能用力。雖然用力會感覺較為輕鬆，但是對生產並沒有任何幫助，反而會消耗體力，以致在第二期時無法充分出力。此外，由下腹部用力會導致骨盤底的肌肉收縮，進而妨礙子宮口擴張或胎兒下降。

當陣痛發作時，可採取腹式呼吸、按摩法或壓迫法等方法，等待陣痛停止。陣痛停止的期間，要放鬆全身的力量，使自己置於宛如睡著般的狀態。更重要的是，絕對不可以害怕或表現得太過神經質。

☆後半期要表現堅強

在第一期結束時，隨著子宮的強力收縮，醫師會允許產婦輕微地用力。所謂的用力，並不是指用盡全身的力量。只要配合收縮的程度，輕輕用力即可。

陪產的人當中，通常只有少數幾個得以獲准進入產房。當產婦感到痛苦時，他們或是為她按摩腰部，或是發聲表示同情。事實上，家人的同情，除了使產婦變得更愛撒嬌以外，根本沒有任何幫助。

生產固然辛苦，但產婦千萬不可因此而表現出歇斯底里或任性的態度。這樣只會增加周遭眾人的煩惱、嬰兒的痛苦及使自己更加疲勞而已。

☆胎兒的活動

在產婦調整身體準備的同時，嬰兒也為了順利生產而開始做好準備。

◎頭部旋轉運動

從母體上方看嬰兒通過的產道，會發現它是入口的側面極廣、出口成縱長形的管子。反之，如果從上方來看，則嬰兒的頭部是屬於前後長橢圓形。因為這個緣故，在產道入

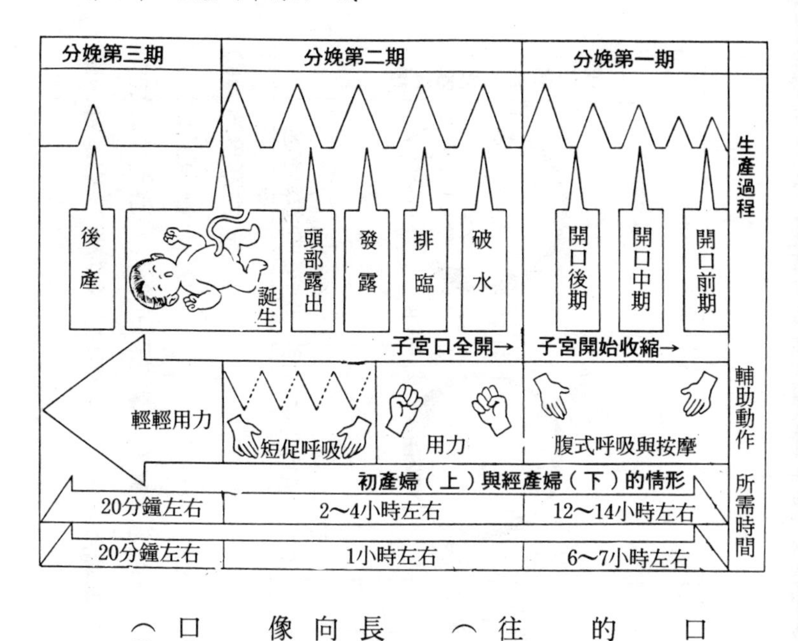

口的嬰兒，會朝左右任何一邊側躺。

因此，當嬰兒通過產道時，為了配合產道的形狀，必須進行合理的旋轉運動。

當真正的陣痛開始時，嬰兒會作出將下巴往自己胸口收的動作，由後頭部進入骨盤內（第一旋轉）。

側面對著骨盤入口朝下的嬰兒，在到達縱長的骨盤出口之前，會觀察母體的前後改變方向。大部分的嬰兒，會改變臉的位置，使其好像看著母親的背骨似地（第二旋轉）。

嬰兒的頭部到達骨盤出口後，原先收到胸口的下巴，會離開胸部而由頭的前端朝向出口（第三旋轉）。

嬰兒的頭完全離開產道，能夠看到母體外

時，藉著第二旋轉朝向母體前後（主要為背骨）的臉，會轉為朝向母體左右任何一邊，好像看到內股似的方向（第四旋轉）。這是因為產道的出口為縱長形，所以嬰兒必須改變方向才容易離開產道。

◎頭形的變化

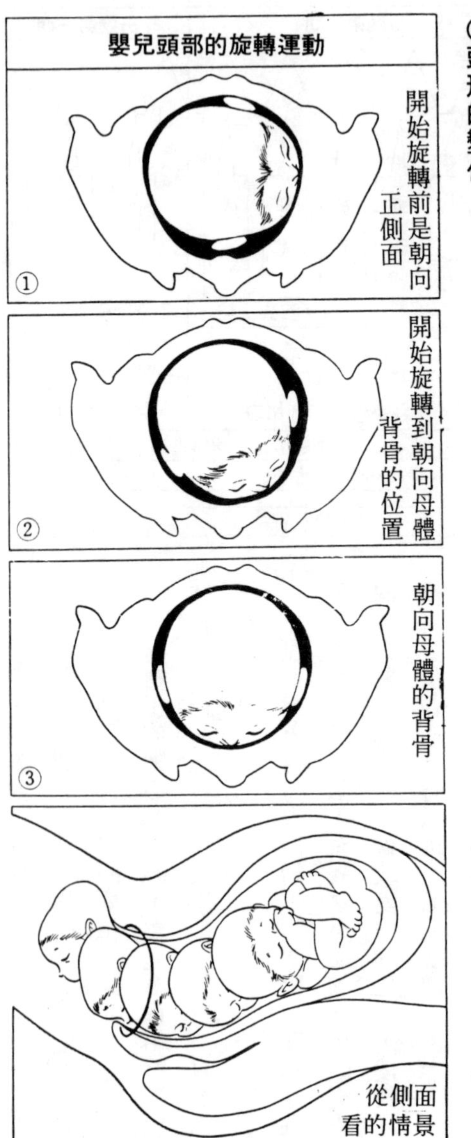

哪怕腹中的胎兒再小，要通過狹窄的產道依然是非常困難的事情。因此，嬰兒的頭部會成為較容易生產的細長形。

嬰兒的頭部是由幾片頭蓋骨所組成的，與成人的頭部不同，並不是很硬，同時骨與骨之間的接縫也還未固定。是以如圖所示，骨與骨會重新接合而改變頭形。

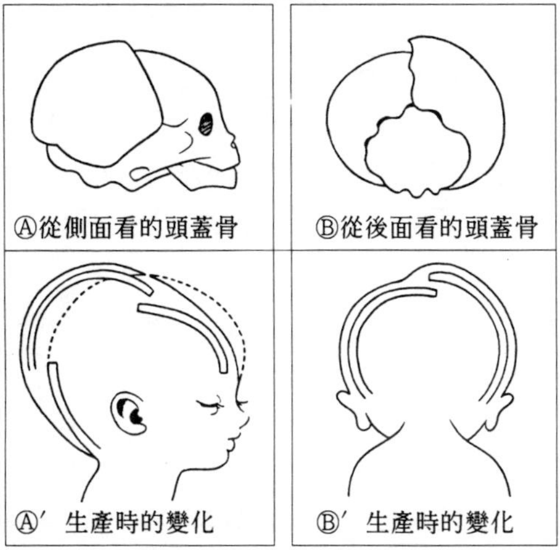

嬰兒頭蓋骨的構造

Ⓐ從側面看的頭蓋骨

Ⓑ從後面看的頭蓋骨

Ⓐ′生產時的變化

Ⓑ′生產時的變化

②分娩第二期（娩出期）

當子宮全開時，先前對於子宮口張開會發揮大作用的胎胞，會因逐漸增強的陣痛壓力而自然破裂，這就是所謂的破水。一旦產婦感覺到有溫熱的水從下體流到腳上，就知道是破水了。

從破水到胎兒娩出，初產婦大約需要二～三小時，經產婦約一～二小時。

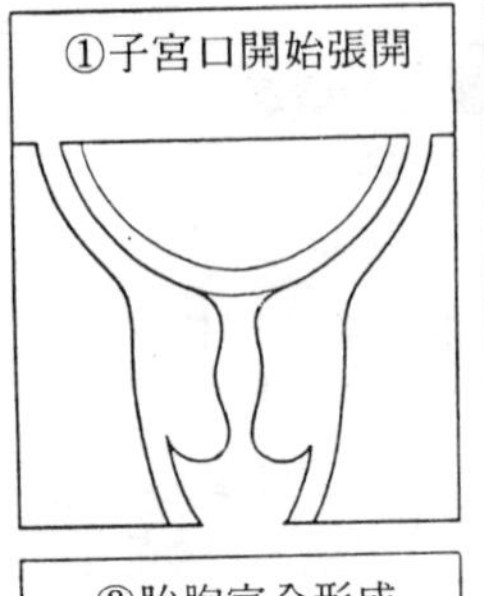

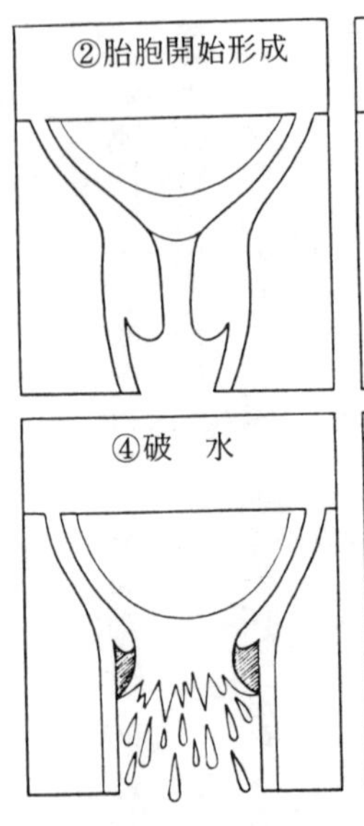

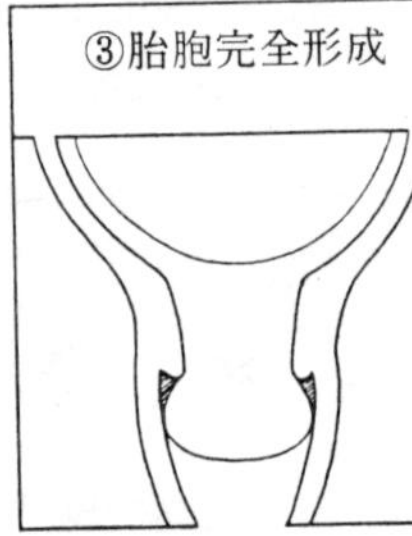

產婦在進入分娩第二期之前，就要移到產房去，進行產道及外陰部消毒，並排除糞便及尿液。

這時子宮收縮大約每隔二～三分鐘一次，每次歷時約四〇～五〇秒，有時還會持續更久。

一旦破水，排臨、發露、嬰兒誕生等過程就會接踵而至。

☆排　臨

配合陣痛用力時，嬰兒的頭部會在收縮之際露出來。

☆發　露

當排臨持續進行時，即使停止用力，頭的一部分也會露出的狀態，稱為發露。

在頭部尚未來到體外之前，外陰部會產生

分娩第二期的狀態①

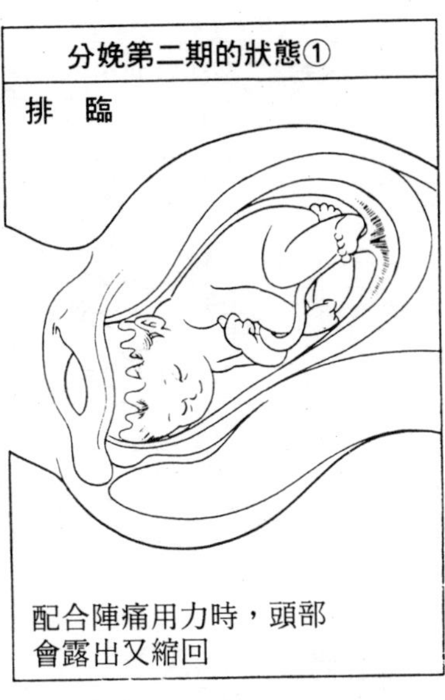

配合陣痛用力時，頭部會露出又縮回

分娩第二期的狀態②

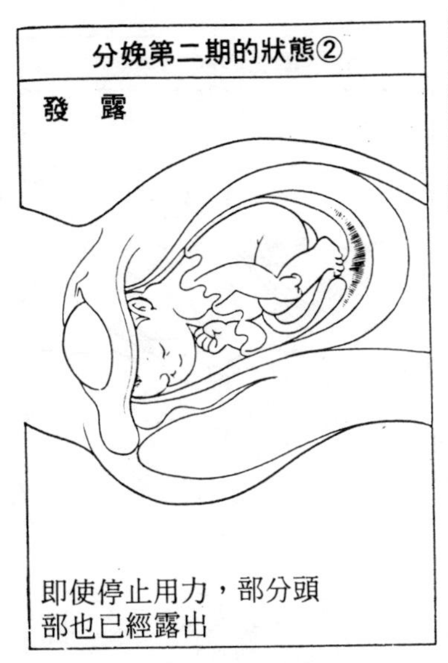

即使停止用力，部分頭部也已經露出

強烈的緊張感，以及宛如燒灼似的灼熱感。

狹窄的陰道口因為嬰兒的頭部而逐漸受到拉扯，以致會陰部（肛門與陰道口之間）會被撕裂，有時甚至會出現很大的裂痕（會陰裂傷）。雖然醫師和助產士會設法「保護會陰」，不過產婦本身也必須配合，在醫師禁止用力時改採短促呼吸。

☆誕　生

先是頭部露出產道外，緊接著肩膀、手臂、身體、腳也順利生出來了。這時，羊水也一併流出，但臍帶仍然和子宮內的胎盤相連。

☆嬰兒的狀況

嬰兒的活動，已經到了第三旋轉、第四旋轉的時期。這時以後頭部為主，按照額頭、鼻

分娩第二期的狀態③

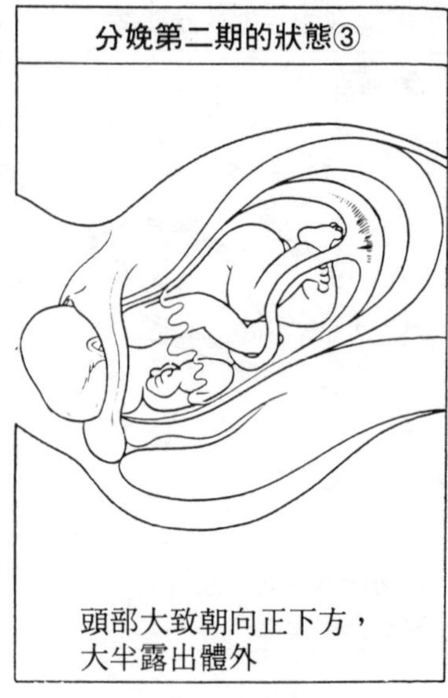

頭部大致朝向正下方，
大半露出體外

分娩第二期的狀態④

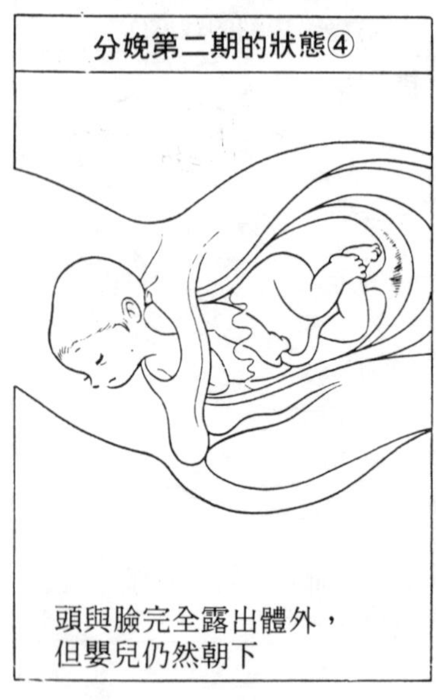

頭與臉完全露出體外，
但嬰兒仍然朝下

分娩第二期的狀態⑤

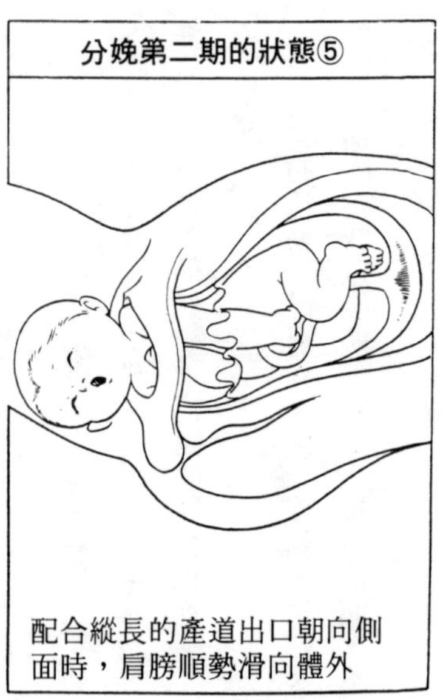

配合縱長的產道出口朝向側
面時，肩膀順勢滑向體外

分娩第二期的狀態⑥

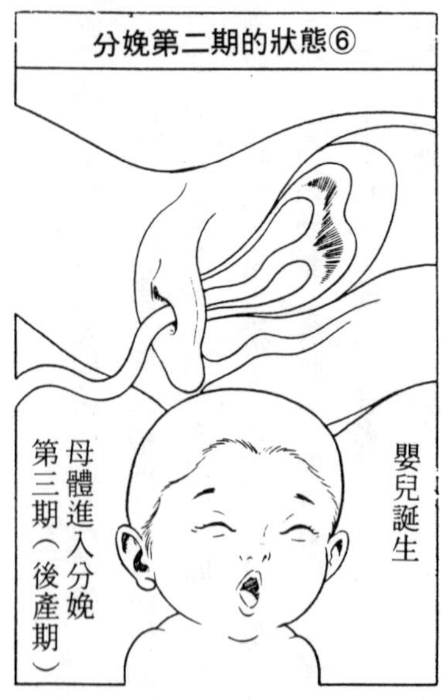

嬰兒誕生

母體進入分娩
第三期（後產期）

子、口的順序，露出整個頭部。在頭部露出來之後，臉會朝左或朝右轉，接著肩膀、手臂也依序產出。

☆剪斷臍帶

在子宮內連接嬰兒與胎盤的臍帶，於嬰兒產出後仍會持續跳動。當跳動停止後，在距離嬰兒肚臍約一～一・五公分處剪斷臍帶綁好。

至此，嬰兒便是一個獨立的個體了。

☆高明的用力法

用力的目的，是在陣痛時發揮輔助效果。不配合陣痛時間的用力，根本無法發揮任何作用。

陣痛開始時，首先要重複二～三次深呼吸，而不是立刻用力。用力時不必在意姿勢是否美觀，也不必感到難為情，應該選擇最容易用力的姿勢去做。

陣痛停止時，則放鬆身體的力量好好休息。

在嬰兒頭部通過陰道出口時，必須停止用力，改採短促的呼吸方式（短促呼吸）。那是因爲，一旦稍微用力或出聲，會使嬰兒頭部猛力滑出而導致會陰裂傷。通常醫師或助產士會給予正確指示，因此只要按照指示去做即可。

◎短促呼吸的方法

雙手交疊於胸上，嘴巴半開。在接近喉嚨附近吸氣，然後立刻吐氣。呼吸時要如同哈、哈一般，即淺且快。

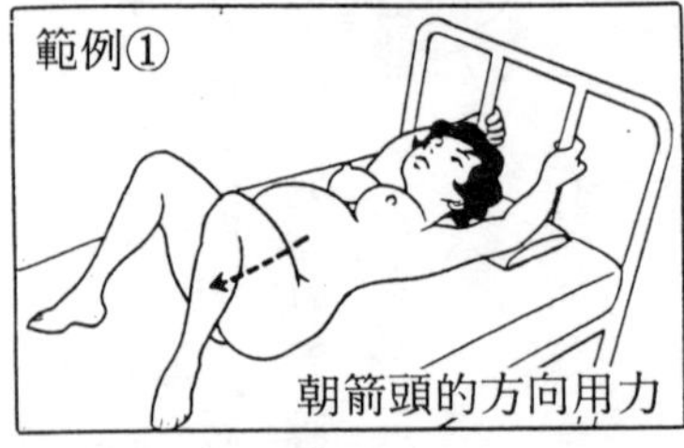

朝箭頭的方向用力

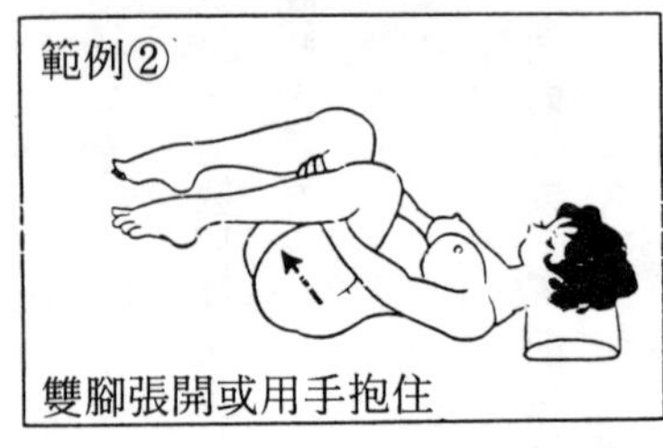

雙腳張開或用手抱住

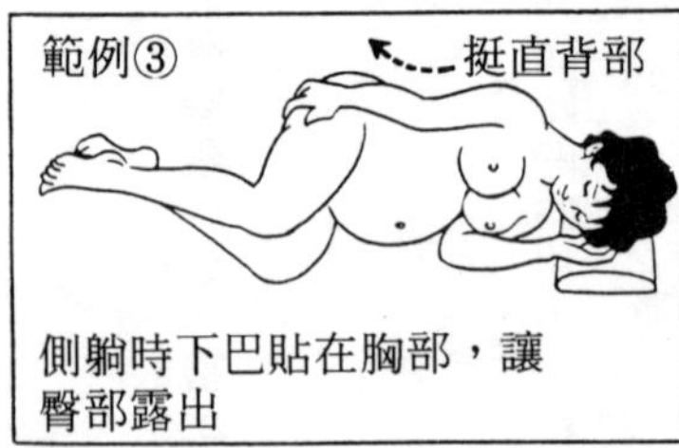

側躺時下巴貼在胸部，讓臀部露出

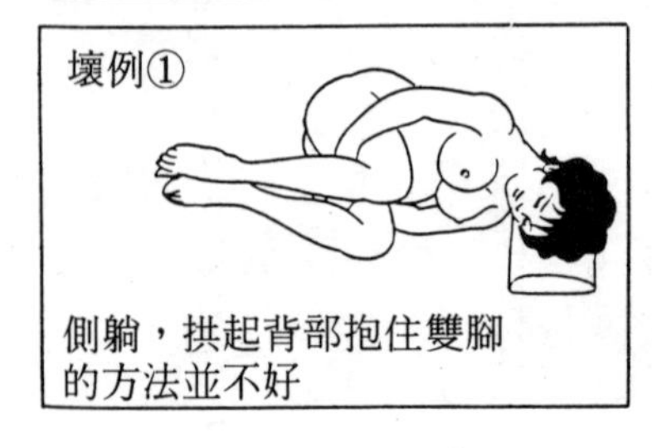

側躺，拱起背部抱住雙腳的方法並不好

壞例②

隨意鼓動臉頰，只會使力量集中於此，無法在身體下方用力

壞例③

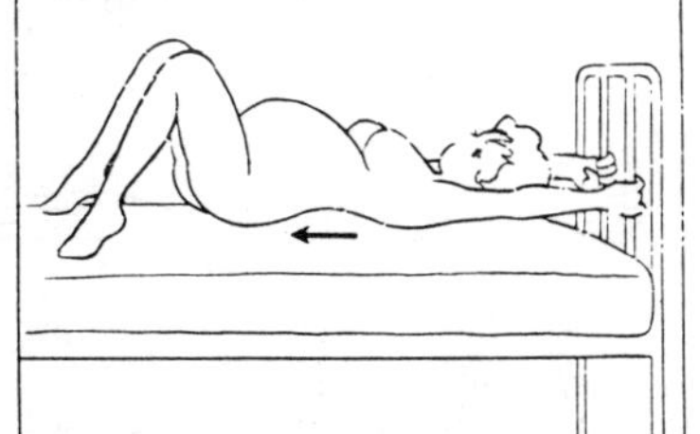

手臂過於伸直時，整個身體也會伸直而無法充分用力

壞例④

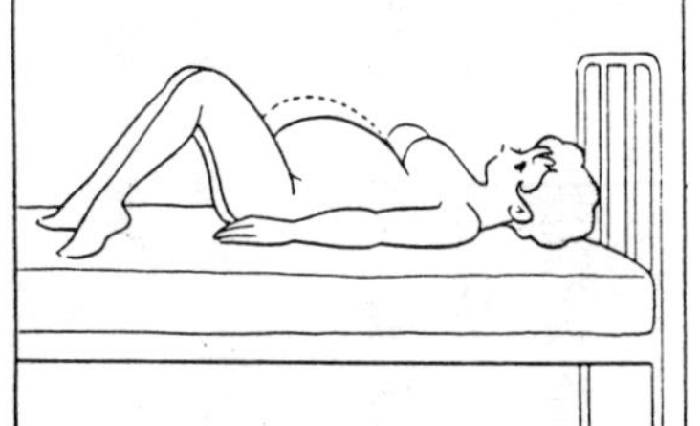

只是腹部膨脹而已，力量無法作用於正確的方向

壞例⑤

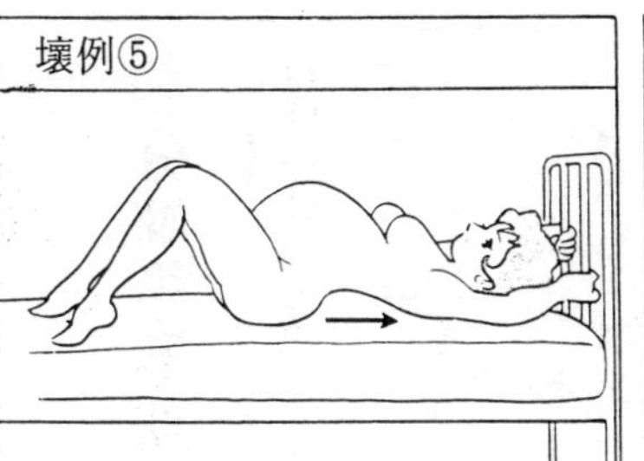

手臂過於彎曲、臀部朝上的姿勢，無法進行有效的用力

壞例⑥

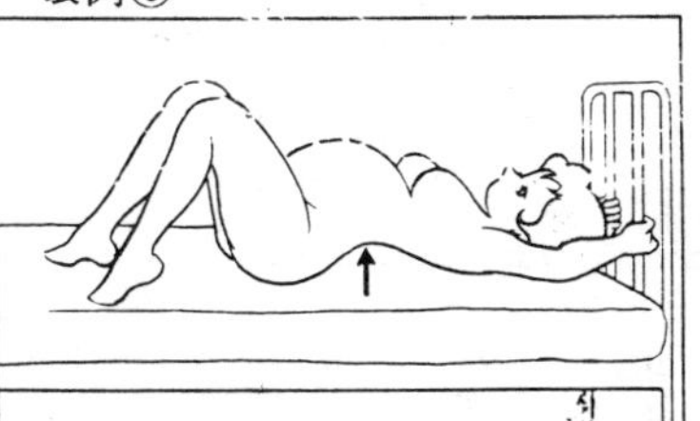

背部挺直時，很自然地會朝這個方向用力，結果反而無法在正確的方向充分用力

壞例⑦

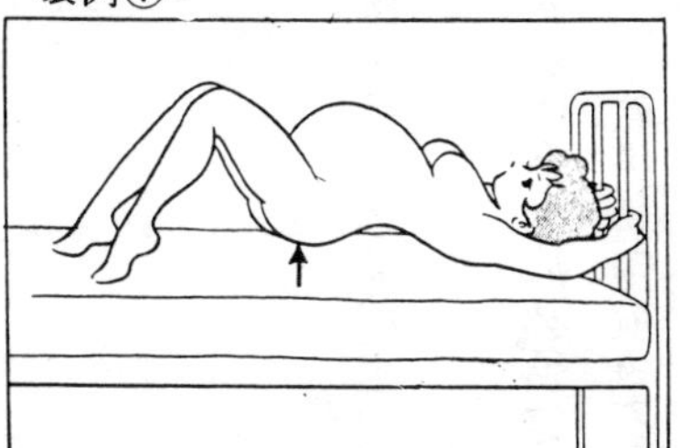

臀部上抬時，無法作為腰部的支撐，因而不能有效地用力

③分娩第三期（後產期）

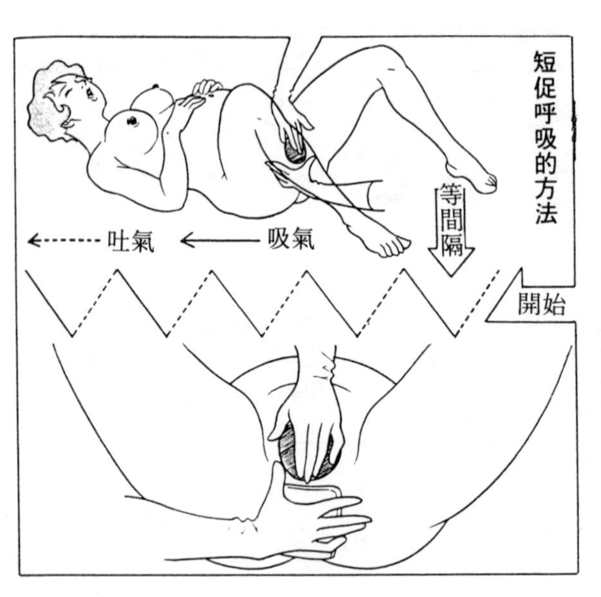

☆後　產

嬰兒出生以後，子宮逐漸縮小，胎盤與卵膜會從子宮脫落。

這時會再次輕微收縮，故必須遵從醫師或助產士的指示用力，然後臍帶就會與胎盤、卵膜一起排出體外。

胎盤、卵膜的剝落面及產道小傷口所引的出血，會因子宮收縮堵住血管，致使血液凝固而自然停止。

這時的出血稱為後出血，流量因子宮收縮程度、傷口大小及其它條件而有所不同。一般生產約在二〇〇～二五〇cc左右，超過六〇〇cc

的機率，占分娩總數的一・五%以下。若是一〇〇〇cc以上的大量出血，將會對母體造成危險（弛緩出血）。

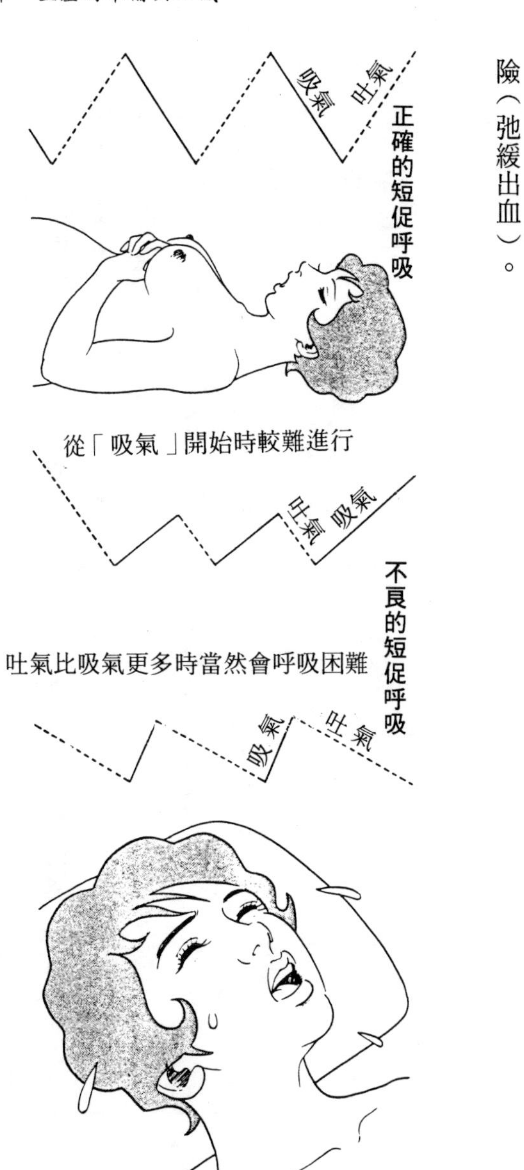

☆孕婦應該注意的事項

在後產結束之前，切勿用手去按下腹部，尤其是子宮的部位，更要注意避免。那是因為，一旦對子宮部分施加刺激，可能會使子宮反射性地收縮，結果妨礙胎盤自然流出。即使後產已經結束，雙腳也要儘可能張開，以方便醫師或助產士處理外陰部。

☆傷口的處理

會陰部、外陰部、產道受傷的部分，必須由醫師加以縫合。

產後二～三小時內，應該躺在生產室或恢復室內安靜休息。

異常分娩與預防

①前期破水與早期破水

沒有陣痛，但是卵膜破裂、羊水流出的情形，稱為前期破水。而有陣痛產生、子宮口全開之前羊水流出的情形，則稱為早期破水。

但不管是哪一種，卵膜都會變薄、變弱，主要原因包括羊水過多症；巨大兒、雙胞胎等。

☆前期破水

前期破水之後，通常再過不久就會出現陣痛。萬一破水後沒有出現陣痛，則可能造成感染，必須立即住院接受治療。

預防方法，包括應避免粗暴的性生活，也不可以突然抬起重物。

☆早期破水

發生早期破水時，必須立刻住院。通常，如果早期破水發生時已經開始生產，則仍然能正常分娩；但如果長時間放任不管，則會引起細菌感染、發燒或羊水混濁，對母體和嬰兒都會造成影響。

即使只是早期破水，也要趕緊住院，提早分娩。

②陣痛微弱

指在陣痛應該增強的時期，卻反而變得既短且弱，或者陣痛與陣痛之間，間隔較長的情形。當陣痛微弱的情形長時間持續時，產婦會變得衰弱，胎兒也可能出現假死狀態。

一開始就很微弱的陣痛，以偏食傾向明顯，營養不足的女性居多。此外，年輕生產、高齡初產婦，罹患羊水過多症或懷了雙胞胎的產婦，也會出現這種情形。

而在生產過程中逐漸減弱的陣痛，則可能是產前疲勞所造成的。

分辨出陣痛微弱的原因以後，接下來就要考慮處置方法。

如果原因在於因產婦的疏忽而導致疲勞，則必須暫時停止分娩的進行，以投藥或注射等方式，讓產婦稍作休息後再開始生產。

在分娩第一期內，即使分娩較遲，通常也不至於發生危險。

但是進入分娩第二期後，由於嬰兒的頭部已經進入骨盤內，一旦骨盤狹窄或旋轉異常等問題無法解決，就必須以人工方式促進收縮，或是斷然採取剖腹產的方式。當然，這些都必須由醫師來判斷。

③胎頭骨盤不合

胎兒的頭部對產婦的骨盤而言太大時，胎頭便不容易通過。

胎頭能否通過，要經由X光檢查加以確認，但只要不會對產婦和胎兒造成影響，大可完全信賴自然的力量。

如果醫生判斷生產會有困難，則必須遵從醫生的指示，進行剖腹產。

④臍帶脫出

在胎頭尚未進入骨盤內的時期就發生破水時，臍帶有可能會衝出母體外。這對嬰兒而言是相當危險的狀態，因此要儘早結束分娩。

⑤胎盤早期剝離

由重症妊娠中毒症或腹部受到強力撞擊所引起，會使原在正常位置的胎盤，在嬰兒出生之前即告剝落。

胎盤一旦剝落，子宮內會大量出血，以致產婦臉色蒼白、脈搏及呼吸變得不規律，而且腹部產生強烈的痛感。

此外，也會對胎兒的血液循環造成不艮影響，所以必須立即剖腹取出，否則會導致胎兒死亡。

至於母體，則必須趕緊進行輸血。

胎盤早期剝離是相當罕見的疾病，但因可能導致母子死亡，故必須特別注意。在日常生活當中，除了任何動作都要小心以外，還要注意預防妊娠中毒症及早期發現、早期治療。

⑥分娩第二期的時間延長

在分娩第二期時，胎頭已經來到狹窄的產道中，一旦陣痛發作長時間持續下去，對胎兒而言是相當痛苦的狀態。如果可能，當然希望能儘早把孩子生下來；但如果因產道過於狹窄或胎頭旋轉異常而致第二期的經過時間拖得很長，嬰兒將會因缺氧而以假死狀態出生。

對孕婦本身來說，第二期時間拖得太長是造成遲緩出血的原因，絕對不能掉以輕心。

處置方法包括利用腦下垂體荷爾蒙的點滴注射促進陣痛，或者進行吸引分娩、鉗子分娩，以便儘早取出胎兒。

⑦胎兒迫切假死

到了分娩的後半期，胎兒的心音有可能會突然減弱。

原因方面，主要是由於過熟兒或分娩第二期時間拖太長所致。

當胎兒呈現假死狀態時，可由母體吸入氧氣供給胎兒。依情況不同，有時也可以進行剖

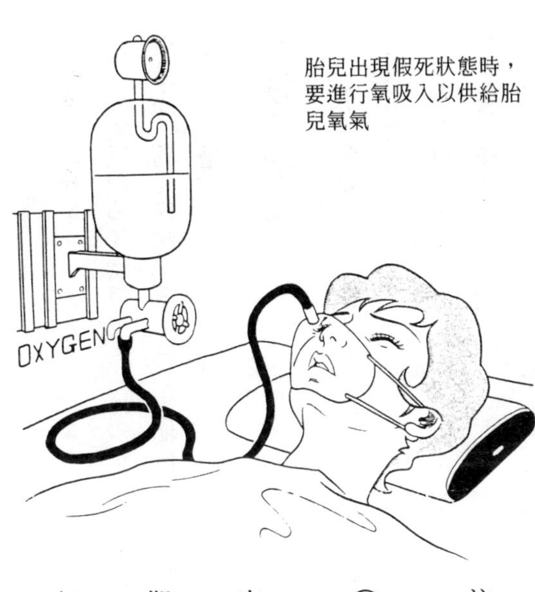

胎兒出現假死狀態時，要進行氧吸入以供給胎兒氧氣

腹或吸引分娩。

就胎兒以假死狀態出生的情形來說，如果症狀輕微，通常慢慢地就會開始呼吸，所以不用擔心。如果症狀嚴重，則必須採取人工呼吸，供給氧氣及吸出粘液，使氣管保持通暢等各種必要的措施。

⑧頸管裂傷

子宮動脈的粗大管子與子宮頸管（子宮口的部分）一起斷裂，於是在嬰兒出生的同時引起大出血。

在昔日，這是生產時最可怕的疾病之一。究其原因，乃是由於子宮口伸展不良或子宮口突然被推擠開來而引起。

多半透過陰道口就能止血，但有時也可能必須進行剖腹手術。

⑨弛緩出血

指生產後因子宮收縮不良引起大量出血的現象。其誘因包括孕婦貧血、陣痛微弱或妊娠中毒症等等。

弛緩出血對母體相當危險。通常，醫師會採取注射子宮收縮劑以止血、輸血、注射葡萄糖或吸入氧氣等處置方法。當上述方法均告失效、母體處於危險狀態時，就必須進行剖腹手術。目前還沒有決定性的預防方法，不過其中之一就是預防妊娠中毒症及早期發現、早期治療。

⑩防止異常分娩

最重要的是，懷孕初期的診察及定期產檢，都必須確實遵守。透過上述檢查，孕婦可以多和醫師交談，客觀地掌握自己的身體狀況。如果希望順利生產，那麼當醫師指出異常現象時，瞭解原因的就要積極進行治療。

問題是，不管再怎麼注意，分娩時仍然可能發生異常現象。為了預防萬一，應該具備一些異常分娩的知識。但同時也要注意，過度煩惱對母體並沒有好處。

分娩期間當然一切都要遵從醫師及陪同者的指示。如果有突發的意外事故，更要確實遵守。

幫助難產的方法

①鉗子分娩與吸引分娩

兩種都是利用輔助器具幫助分娩的方法。和剖腹產相比，對母體或胎兒所造成的危險較小。不過在生產途中，如果胎兒的心音減弱、或分娩時間太長，導致母體極度疲勞，則必須採取這種方法以儘早結束分娩。

鉗子分娩，是指用鉗子夾住胎兒頭部將其拉出的方法。至於吸引分娩，則是利用吸盤的真空裝置拉出胎兒頭部。

採用上述方法時，絕對不能勉強拉出胎兒

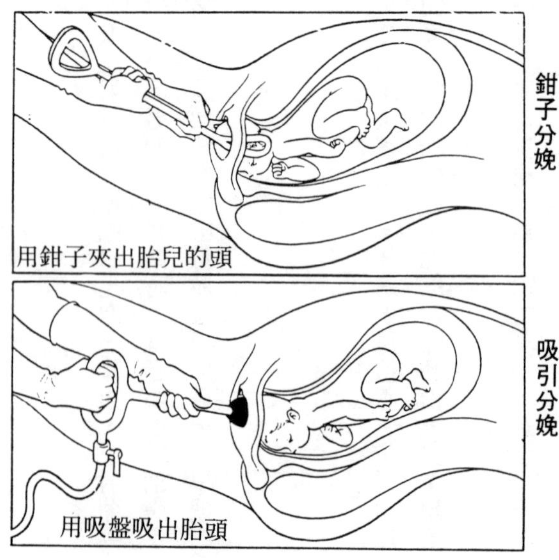

用鉗子夾出胎兒的頭

用吸盤吸出胎頭

。切記，它們的作用，只是幫助母體分娩的力量，促進分娩而已。

「使用鉗子或吸盤不會對胎兒造成危險嗎？」有很多人為此感到擔心。事實上，一般人所擔心會傷及嬰兒頭部，使其成為低能的疑慮，幾乎都不會出現。造成低能兒的原因，多半是由於胎兒在產道內呈現假死狀態或其他因素所致。

採取吸引分娩法時，嬰兒的頭部會出現瘤，但多半在幾天後就會自然消失。萬一幾天之後仍未消失，則可以使用注射器等排除內容物。

②剖腹產

所謂剖腹產，是指剖腹切開子宮取出胎兒方法。一般分為早在產前就決定進行剖腹產，以及生產過程中基於急救需要而進行剖腹產等情形。

◎剖腹產適用於以下情形。

(1)骨盤比胎頭狹窄，嬰兒無法順利通過產道時。

(2)子宮出口較硬，經過一段時間仍然無法進行生產時。

(3)陰道狹窄，即使切開陰道使其擴張也無法生產時。

(4)產婦出現合併症，體力大量消耗及衰退，無法迅速結束生產時。
(5)有子宮破裂之虞時。
(6)上次生產是採取剖腹產，考慮到這次生產可能會伴隨危險時。
(7)胎兒的位置或姿勢異常，無法以一般方式生產時。
(8)在生產途中，胎兒瀕臨窒息、假死或死產等狀態時。
(9)發生前置胎盤或胎盤早期剝離時。

其它還包括臍帶先出來或高齡初產婦等情形。總之，當醫師判斷除了剖腹外無法採用其它方法生產時，可以進行剖腹產。

近來隨著麻醉及抗生物質的進步，手術方法的改善等，手術的安全性已較以往大為提高。

☆不可隨便決定採用剖腹產

有些孕婦明明母體和胎兒都沒有異常現象，卻因為剖腹產既可順利取出胎兒，又可免去生產特有的痛苦，和一般生產比起來所花的時間也較短等原因，而希望進行剖腹產。

事實上，剖腹產必須具有相當的理由，並且經由醫師判斷才能進行。它的宗旨，是使胎兒和母體平安無事地結束生產，而非為了讓孕婦輕鬆生產。因此，如果預期能夠順利生產，就不要刻意採取剖腹產。

原則上最好讓胎兒自然通過產道而誕生。那是因為，和經由陰道分娩的孕婦相比，剖腹產固然能免除生產時的疼痛，但手術後恢復的時間卻會拖得較長，住院時間也較久，必須充分療養才能完全恢復。

☆剖腹產能進行幾次？

一旦因為某些原因而必須進行剖腹產，下次生產是否也必須進行剖腹產呢？這是一般人所抱持的疑問。

一般而言，只有在異常的狀態下（如前置胎盤、妊娠中毒症等），才需要進行剖腹產。下次分娩時，只要情況許可，一樣可以採取經陰道分娩。不過，因嚴重骨盤狹窄或高齡初產婦等理由而在上次進行剖腹產的人，下次生產也必須採用剖腹產。為了確保安全，最好由醫師來判斷。

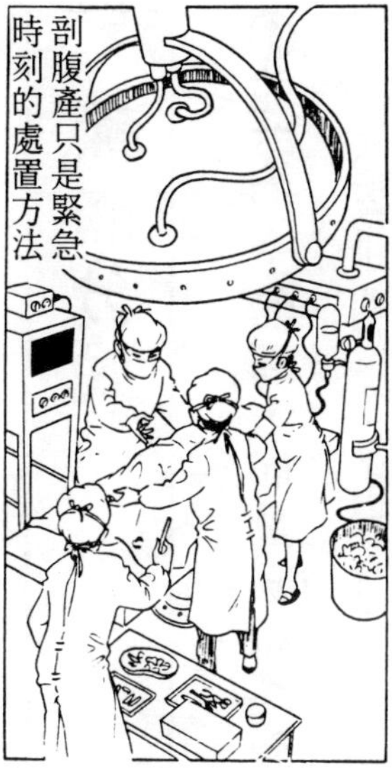

剖腹產只是緊急時刻的處置方法

剖腹產的次數，最好以二次為限。

無痛分娩

①並非完全無痛，而是緩和疼痛的方法

生產所帶來的疼痛，是因子宮收縮（陣痛）或胎兒通過產道時由壓迫所引起的。這些分娩時所產生的疼痛，會因各人的感受性而有所差異，有的人感覺較痛，有的人則覺得不怎麼痛。也就是說，子宮和產道的疼痛刺激會傳達到感覺神經進入脊髓及大腦的感覺中樞，進而做出疼痛的判斷。

分娩時疼痛劇烈的時期，從第一期中間到第二期結束為止。當然，所有的孕婦都希望能去除或緩和這個時期的疼痛……。

所謂的無痛分娩，並不是完全不會疼痛，而是能夠緩和疼痛。

緩和疼痛的方法很多，大致可分為以下二種：

◎使用藥劑的方法

◎不使用藥劑的方法

此外也有互相組合的方法。

採取使用藥劑的方法時，通常是採服用、注射、吸入等方式，醫師必須留意胎兒及母體的狀況，視實際需要給與適量的止痛劑、鎮靜劑或麻醉劑等。

②使用藥劑的方法

在分娩的第一期，可服用鎮靜劑或注射安眠鎮靜劑，藉以緩和因懷孕所引起的過敏神經及心理狀態。此外，感覺疼痛時，可採用吸入笑氣的方法，或藉由注射麻醉陰部神經等方法。

進入分娩第二期後，可採用吸入氣體麻醉法、腰椎麻醉法、持續骶椎麻醉法或陰部神經麻醉法等。吸入氣體麻醉法，是吸入笑氣以緩和疼痛的方法，主要盛行於歐美各國，在日本也有部分醫院採用。至於腰椎麻醉法、持續骶椎麻醉法及陰部神經麻醉法，則是在如圖所示的部位注射麻醉劑的方法。

上述利用藥劑或麻醉的方法，固然能夠減輕痛苦，但同時也無法免除藥物的缺點。除了

麻醉無痛分娩

使用笑氣的吸入麻醉

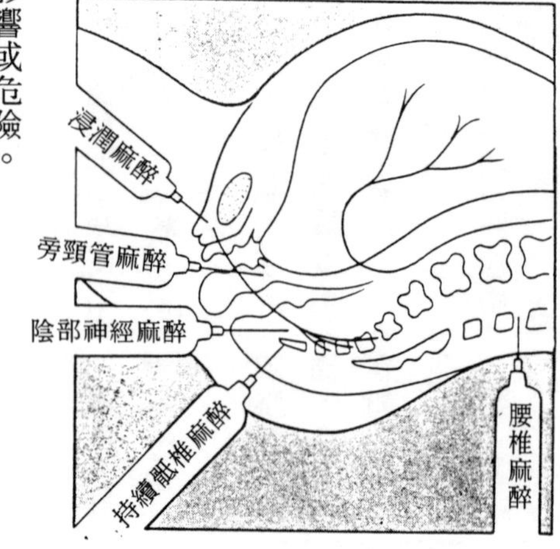

可能在孕婦身上引發特殊變化以外，對胎兒也可能造成影響或危險。

③不使用藥劑的方法

懷孕與生產是生物延續種族的自然現象。藉由認識從懷孕到分娩的自然理法，使產婦在精神上感到安定並減輕痛苦，這就是精神性無痛分娩法。

孕婦必須信任主治醫師及助產士，並接受其指導，訓練自己具備自行生產的慾望和自信，同時配合分娩的各個時期，練習腹式呼吸法、短促呼吸法、腹壓法等輔助動作。

有時也可以參加媽媽教室，一方面吸收正確知識，一方面練習輔助動作。

事實證明，這些方法的確有助於緩和疼痛。不過，疼痛程度具有很大的個別差異，並非所有的孕婦都能緩和疼痛。這時，必須在醫師的判斷下，決定是否使用藥劑。

④拉瑪茲法

拉瑪茲法的根本，是為孕、產婦在情緒、知性、心理、肉體等方面做好生產的準備。這是以巴甫洛夫的條件反射說（大腦經訓練後，就能接受一定的刺激，這時只要加以分析，便能選擇一定的反應）為基本原理的精神無痛分娩法，也可以說是生產的預備訓練。必要時，可以使用藥劑或進行產科手術（如剖腹產、鉗子分娩等）。和所謂的無痛分娩一樣，拉瑪茲法並不是完全無痛。

拉瑪茲法的優點，就是使孕婦具備生產的知識與自信，在生產的高峰時期也不會失去平常心或節度。此外，一般在生產時無法參與的父親，也可藉由學習拉瑪茲法增加對生產的瞭

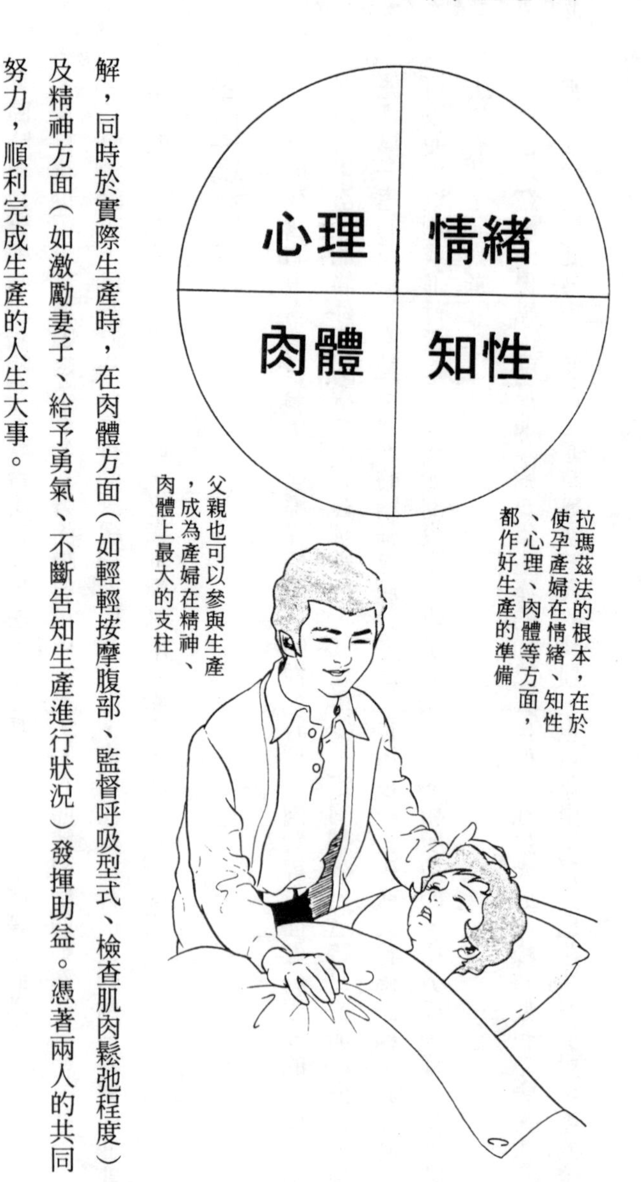

解，同時於實際生產時，在肉體方面（如輕輕按摩腹部、監督呼吸型式、檢查肌肉鬆弛程度）及精神方面（如激勵妻子、給予勇氣、不斷告知生產進行狀況）發揮助益。憑著兩人的共同努力，順利完成生產的人生大事。

不過，拉瑪茲法也有其問題存在。那就是，採用拉瑪茲法的醫院或婦產科較少，而且有

腹式呼吸的方法

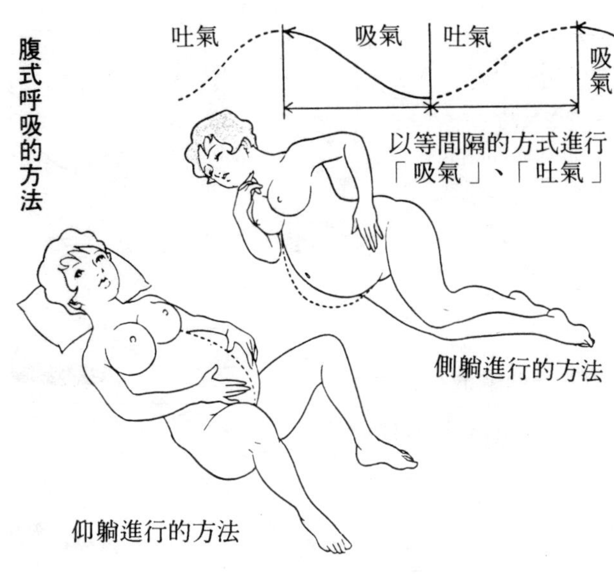

些丈夫也因工作關係無法陪伴妻子生產。

⑤各種輔助動作

☆腹式深呼吸

◎仰躺進行的方法

腹式呼吸是生產時最重要的基本動作，需反覆練習直到持續三〇分鐘也不會疲倦為止。其順序如下：

(1)仰躺，雙腳輕鬆併攏，膝蓋處輕微彎曲。

(2)雙手置於下腹部上方，同時拇指張開，其餘四指併攏，輕輕在下腹部圍成一個三角形。至於雙手拇指，則置於肚臍正下方。

(3)在深深吸氣的同時，使下腹部不斷膨脹直到頂點，然後靜靜地由口中吐氣。吐氣時，

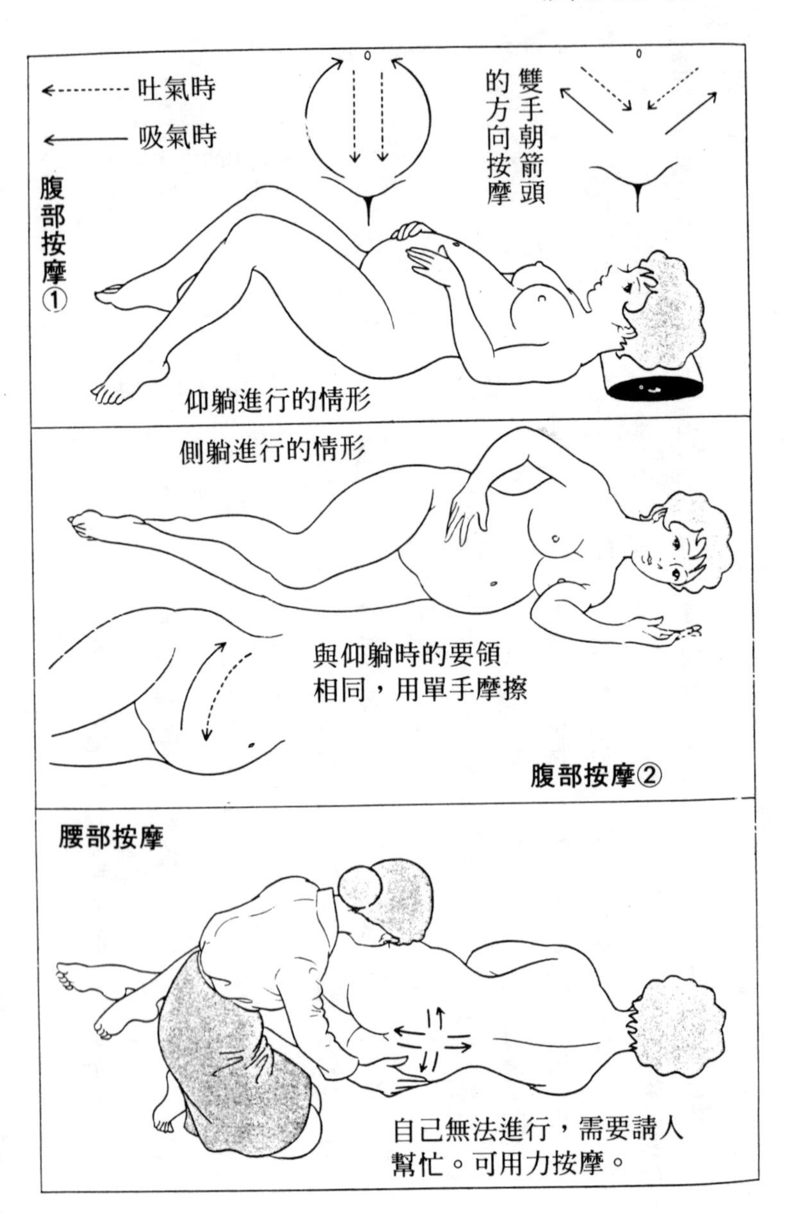
吐氣時
吸氣時
腹部按摩①
雙手朝箭頭的方向按摩
仰躺進行的情形
側躺進行的情形
與仰躺時的要領相同，用單手摩擦
腹部按摩②
腰部按摩
自己無法進行，需要請人幫忙。可用力按摩。

腹部逐漸恢復為原來的大小。

起先可以近乎誇張似地讓腹部膨脹。只要重複練習這個動作，就可以很自然地以腹部膨脹的方式吸氣。

◎側躺進行的方法

(1)側躺，雙腳於膝蓋處輕微彎曲，朝下的手臂於手肘處彎曲，手置於臉的前方。

(2)上方的手好像支撐腹部似的，斜滑到下腹。

(3)在深深吸氣的同時，使腹部膨脹到頂點，然後再靜靜地吐氣。

☆按　摩

配合腹式深呼吸，從強烈感覺子宮收縮的第一期後半開始併用按摩，有助於緩和收縮感。

◎摩擦下腹部的方法

在仰躺進行腹式深呼吸的同時，雙手以直線運動或旋轉運動方式進行按摩。如果採側臥姿勢，則用單手以直線運動或旋轉運動進行按摩。必須注意的是，恥骨正上方不可用力按摩，否則將會妨礙子宮口張開。

◎按摩腰部的方法

這個方法無法單獨進行，必須有人從旁協助。其特色是，即使稍微用力按摩也無妨。

☆壓迫法

◎壓迫腰部的方法

仰躺，雙手握拳抵住腰部進行壓迫（腰部壓迫）。當腰部感覺疼痛或緊繃時，此種壓迫法可使腰部變得輕鬆些，但不可長時間持續。

此外，也可以在以腹式深呼吸法吐氣時，用拇指壓迫腰骨內側，其餘四指則在旁支撐。就效果而言，最好生產第一期過半以後再進行較為理想。

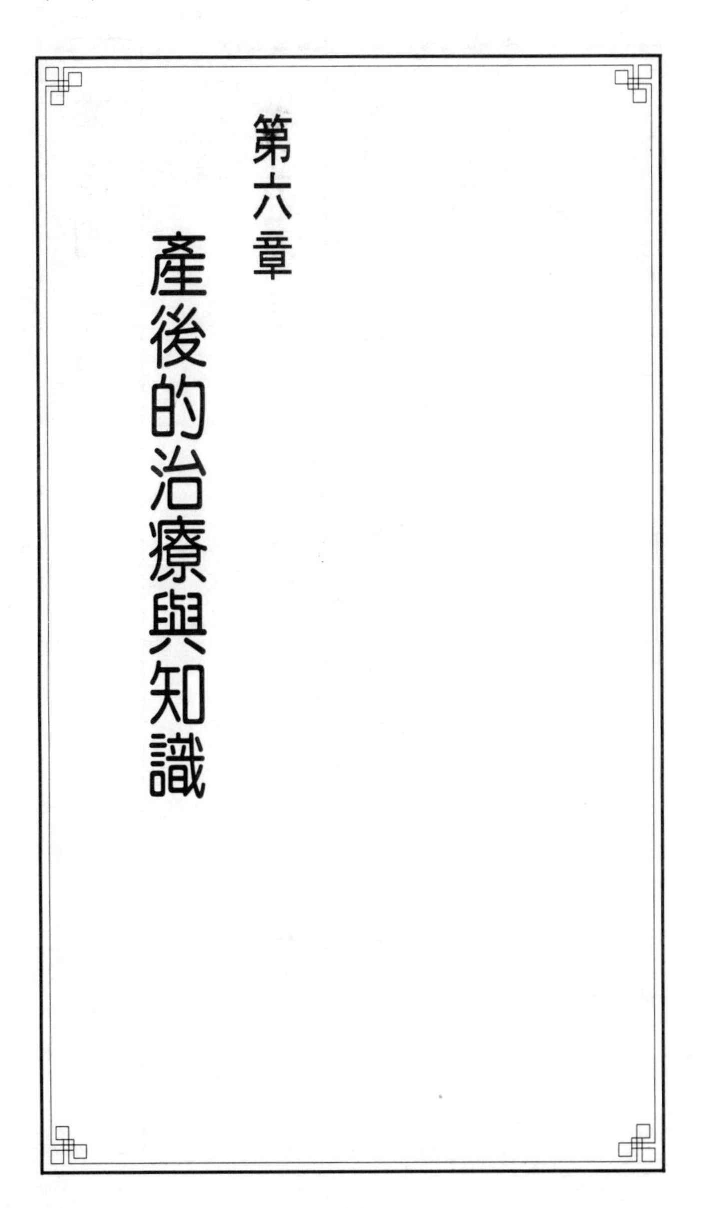

第六章 產後的治療與知識

產後的生活

①產褥期

因為懷孕、生產的緣故，包括性器（外陰、陰道、子宮等）在內，母體的各個部位都會產生變化。從產後到恢復懷孕前狀態的這段期間，稱為產褥期，歷時約四～六週。

產褥期要注意安靜與養生，保持外陰部的清潔以免造成細菌感染，同時還要避免過度劇烈的運動、工作或性行為。

☆產褥的經過

◎子宮復原

產後，因懷孕而增大的子宮會漸漸縮小，稱為子宮復原。

在分娩剛結束時，子宮會收縮到肚臍下方二～三橫指的位置。由於子宮收縮的緣故，分娩後三天之內，每隔一〇～三〇分鐘會感覺到下腹部疼痛，稱為後陣痛。

後陣痛乃正常現象，故不用擔心。此外，初產婦的症狀，會比經產婦更加輕微。

子宮持續收縮過了一週後，從腹部上方就摸不到了。如果要恢復原先的大小，則需要四～六週的時間。

當然，情況往往因人而異，有的人子宮並不能完全復原。產後過著不規律的生活、拼命忍尿、因便秘而致屎尿積存在膀胱或直腸時，也無法充分進行子宮收縮。另外，也可能因為雙胞胎或羊水過多症而致子宮比正常懷孕時更大，進而使得子宮無法完全復原。一旦惡露量太多且一直持續，或者出現血塊，有可能是子宮復原不全所致，應立刻接受醫師的診察。

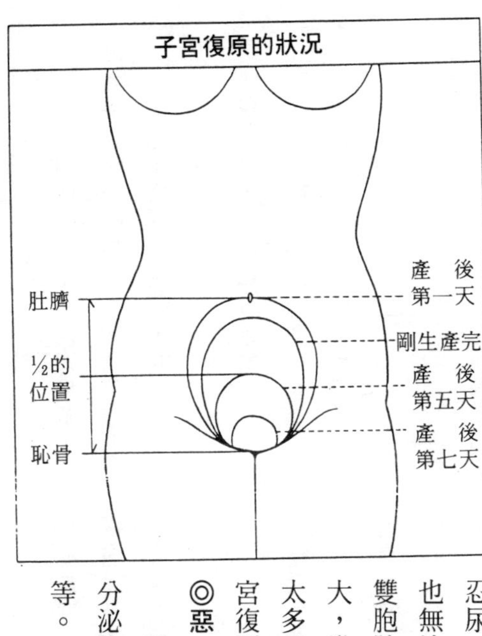

◎惡　露

惡露是產後從子宮內側或陰道傷口排出的分泌物，其內容包括子宮粘膜、血液、分泌物等。

分量以產後二～三天內最多，大部分都是血液。而從第四、五天到第一〇天為止，量逐漸減少且變成茶褐色。通常會在三～四週內變為黃色，然後就消失了。

當惡露持續一週都是鮮紅色、暗黑色或發生惡臭時，可能是異常症狀，必須立刻接受診察。

◎惡露更換與外陰部的消毒

在惡露排出期間，要用脫脂綿墊住外陰部，並綁上丁字帶。脫脂綿要勤於更換，一般稱為惡露更換。

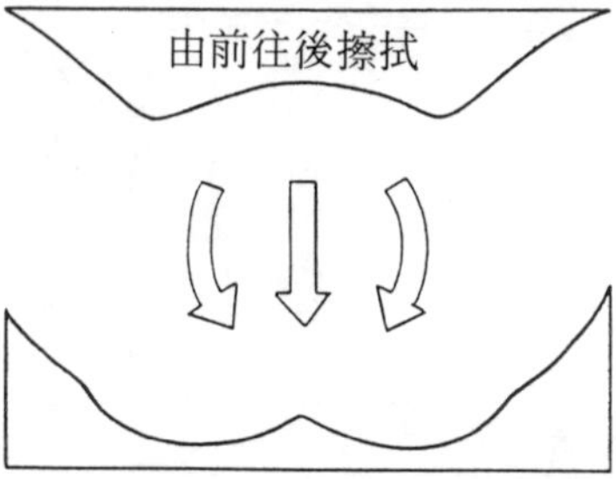

通常，產後應每隔一小時，第二天後每隔三～四小時（視惡露的量及程度而定）進行惡露更換。待量逐漸減少以後，可在排便時作適當的更換。

有的人會用衛生紙或衛生綿代替脫脂綿，不過我建議各位最好不要這麼做。此外，也不可穿著生理褲。那是因為，在惡露量較多的期間，使用這些東西容易弄髒周圍，而且也不方便更換。

在惡露更換時，不要忘了外陰部的消毒。產後七～一〇天內，

由前往後擦拭

外陰部、陰道和子宮內側仍有傷口，再加上有惡露排出，因此細菌很容易進入體內。為了防止細菌進入體內，首先必須嚴格執行外陰部的消毒。

消毒以下面的方式進行。首先準備消毒液（如一〇〇〇倍的逆性肥皂水等），然後用脫脂綿由前往後（腹部朝肛門的方向）擦拭。記住，脫脂綿每一次都要更換。有關消毒用綿花的製成方法及擦法，可在醫院或婦產科的指導下進行。

除了惡露更換以外，排尿或排便後也要進行外陰部消毒。

②生產後的生活

在完成生產這件大事後，肉體十分疲勞，但精神卻處於興奮狀態。這時，保持安靜及享有充足睡眠是很重要的。為此之故，與訪客或家人會面的時間，應儘量縮短。

☆躺在床上的生活

——生產當天及產後第一天——

產後最初二小時，必須保持仰躺姿勢。之後如果沒有異常現象，則可以採取任何姿勢。

在十二～二十四小時以後，起身上廁所也無妨。這時要慢慢移動身體，先坐在床上試試看，讓身體慢慢地適應。排便最好使用西式馬桶，如果是使用蹲式馬桶，注意雙腳不可張得太開。此外，排便後不要忘了對外陰部進行消毒。

如果醫師認為應該用插入式便器，那麼最好遵照其指示。

坐起來用餐亦無妨。

——產後第二天起——

對初為人母的婦女而言，照顧嬰兒的確是非常麻煩的一件事。為了儘早熟悉照顧嬰兒的方法，遇到不懂的地方，一定要立刻請教醫師或護士。

在產後的短暫時間內，會變得很容易流汗，皮膚也因而容易骯髒，所以要每天擦拭身體以保持清潔。

產後休養非常重要，但一直躺著不動反而不好。可以去上上廁所或照顧嬰兒；總之，愈早開始活動，愈能早日恢復腹壁的緊張度。

——產後一～二週內——

嬰兒的臍帶已經脫落。住院生產的人，如果沒有異常症狀，這時就可以出院了。但因身體尚未完全恢復，所以還是得經常躺在床上。在不會感覺疲勞的程度下，可以照顧嬰兒及處

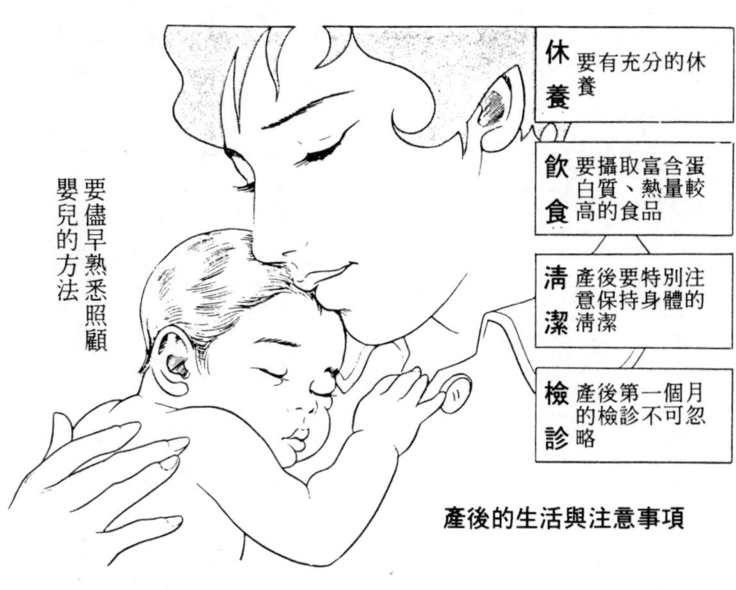

產後的生活與注意事項

理身邊的瑣事，唯獨對於須碰水的工作要特別謹慎。

產後約七～一〇天左右，就可以開始淋浴了。

分泌物逐漸減少。或許在些許動作或稍微走路之後，分泌物會暫時增加，但只要在二～三天內又逐漸減少，就不用擔心了。

——產後第三週——

雖然可以不必一直躺在床上，但這並不表示身體已經完全復原。一旦感覺疲勞，就要立刻躺下來。

因妊娠中毒症而引起的水腫、蛋白尿、高血壓等症狀殘留時，必須遵從醫師的指示好好休養。

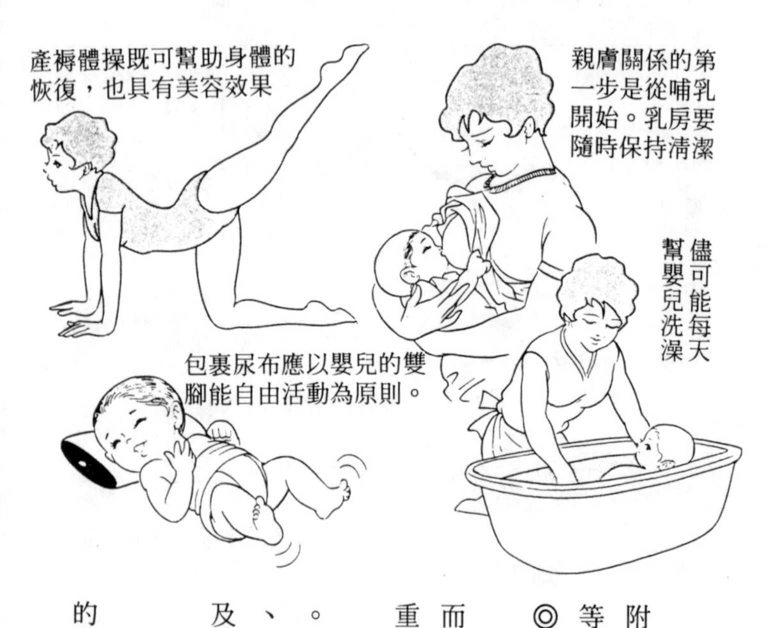

可以開始做一些比較輕鬆的日常工作或到附近去買買東西。至於拿重物等工作，則必須等到產後六週以後。

◎和懷孕期間一樣要攝取足夠的營養

足夠的營養有助於消除疲勞、補充因出血而造成的身體損失、促進乳汁分泌，因此非常重要。

和懷孕期間一樣，要攝取營養均衡的飲食。尤其是，為了促進乳汁分泌，應該多吃牛奶、味噌湯、水果等。此外，還要多攝取蛋白質及碳水化合物。

為了防止便秘，要多吃富含纖維質的食物。

如果是妊娠中毒症患者，則必須遵從醫師的指示進食。

◎洗澡、洗頭的注意事項

如果產後一週內分泌物即告減少，則可以淋浴。為免受到風寒，浴室必須先用熱蒸氣使其溫暖。

至於在浴缸內泡澡，則必須等到一個月後的檢診結束，取得醫師的許可後才可以進行。那是因為，萬一子宮口還沒有充分收緊，很可能會感染細菌。

洗頭可在產後二週後短時間內進行。洗完後要立刻用吹風機吹乾，或用乾毛巾迅速擦乾水分。晚上洗頭容易感冒，應儘量避免。

◎產後六週以後才可以開始性生活

在分泌物完全停止、接受過一個月後的檢診，確定沒有什麼值得擔心的狀況時，於產後六週以後再開始性生活較為理想。

由於會陰縫合緣故，產後的首次性交，就如同新婚初夜一般，必須慢慢進行。

◎嬰兒的處理方法

除了特定的人以外，不要讓嬰兒接近其它人。尤其是感冒、生病的人，更要絕對禁止。

如果有客人前來道賀，最好在其它房間接待，再讓他們看嬰兒一眼也就可以了。

有關餵奶、換衣服及洗澡的方法，要事先請護士或助產士教導。有些新手媽媽在剛開始時，甚至連摸都不敢摸。問題是總不能老依賴別人啊！因此一定要儘快學會自己照顧嬰兒。

③乳房的護理

為使乳汁分泌順暢，使腫脹、堅硬的乳房柔軟，每天均必須進行幾次乳房按摩。

——按摩的順序——

(1)首先把手洗乾淨。
(2)用毛巾蓋住整個乳房使其溫暖。
(3)好像畫圓似地輕輕按摩乳房周圍。
(4)朝乳頭方向揉捏、摩擦乳房。
(5)好像要擠出乳汁似的，用拇指與食指捏住乳頭。

乳頭要每天用肥皂清洗，再用煮沸消毒過的綿花擦拭，然後用乾淨的紗布覆蓋其上。乳頭不乾淨是引發乳腺炎的原因，必須特別注意。

◎哺乳時的注意事項

哺乳前一定要把手洗乾淨，並用消毒綿擦拭乳頭。可使用市售的消毒綿，也可以自己製造，方法是用一%的硼酸水浸泡脫脂綿。

嬰兒吃剩的母乳，要將其擠出，務使每次授乳後乳房內都不再有剩餘的乳汁。可至藥房購買擠乳器使用，或按摩乳房將乳汁擠出。

——餵母乳的方法——

(1)先把手洗乾淨，再用消毒綿擦拭乳房。
(2)包括乳頭在內，將整個乳頭讓嬰兒含在口中，好像用乳頭推嬰兒的上顎似的。
(3)哺乳時要讓嬰兒安安靜靜地吃奶。剛開始時由於乳汁分泌不順、嬰兒又不懂得如何吃

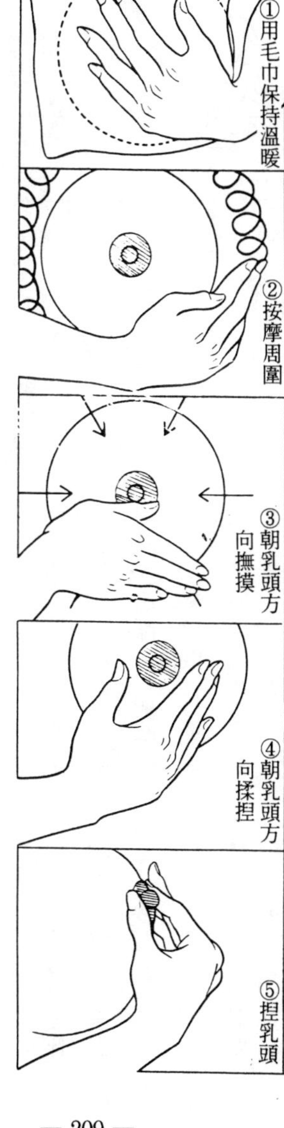

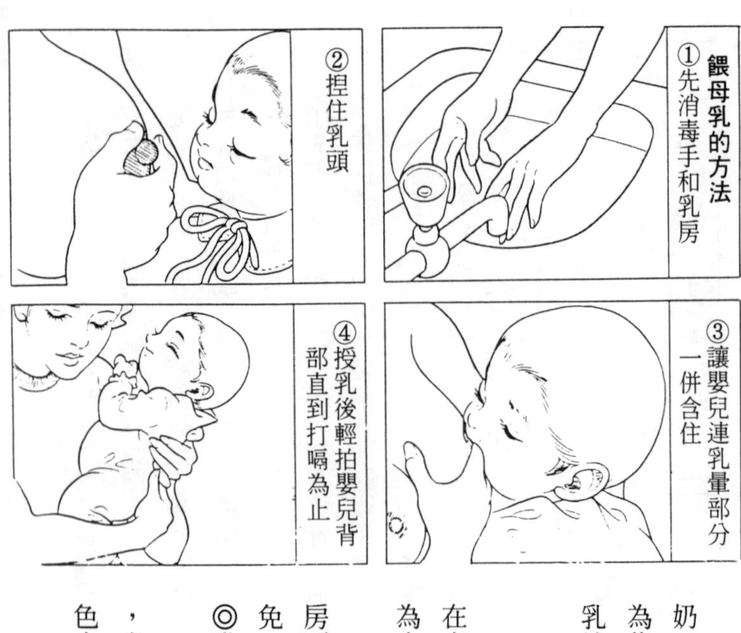

奶，以致需要花很長的時間。這時千萬不要因為焦躁而中途停止，或是依賴人工營養，否則乳汁永遠都不可能分泌順暢。

(4)剩餘的乳汁要完全擠出。

(5)哺乳結束後，用左手托住嬰兒，讓其趴在右胸上，然後用右手輕拍其背部，直到打嗝為止。

哺乳時一定要坐著進行。躺著餵奶時，乳房可能會壓迫嬰兒而有窒息之虞，必須絕對避免。

◎乳頭龜裂

初產婦乳頭的皮膚非常柔軟、抵抗力較弱，在嬰兒的強力吸吮之下會變得潮濕、形成白色水泡。接著腫脹、引起乳頭龜裂。嚴重時甚至會造成出血，以致無法繼續授乳。

如果沒有出血症狀，可以繼續用一邊乳房哺乳，另一邊則用擠乳器將乳汁擠出讓其休息。待其痊癒以後，再讓另一邊休息。

萬一有出血症狀，而且疼痛嚴重，則必須找醫師商量。

預防乳頭龜裂的方法，是從懷孕期間就好好加以護理。除了確保乳頭清潔以外，還要好像捏乳頭似地進行按摩，藉以增強乳頭的抵抗力。

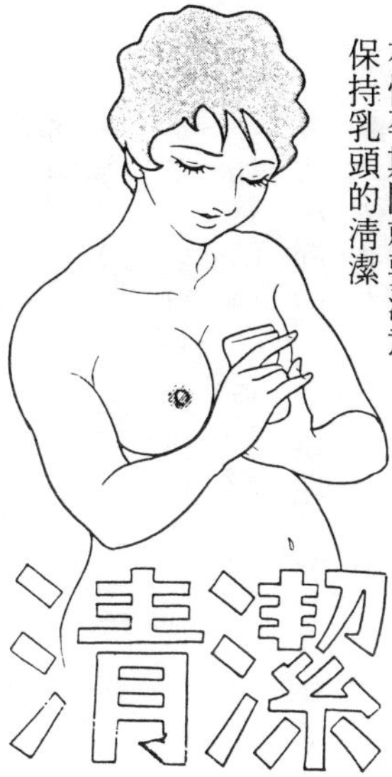

清潔

在懷孕期間就要注意保持乳頭的清潔

④產後第一個月的檢診

檢查的項目，包括子宮及其它性器的恢復情形、乳汁分泌狀態、有無妊娠中毒症的後遺症及全身狀態等等。

根據此次檢診的結果，才能知道是否可以開始產後的沐浴、性生活等，因此一定要接受檢診。

不過，當出現以下症狀時，不要等到滿一個月再接受檢診，而必須立刻接受檢查。

- 出血。
- 持續出現紅色惡露。
- 產生具有惡臭的惡露。
- 頭昏眼花、心悸、呼吸困難。
- 排尿間距縮短、排尿時會感覺疼痛。
- 發高燒。
- 乳房疼痛、發紅、出現硬塊或腋下腫脹。

⑤產褥體操

產褥體操有助於腹壁、陰道壁鬆弛的恢復，以及促血液循環以幫助子宮的恢復。只要產後復原經過順利，可以在不會造成疲倦的情況下每天進行。如果出現出血、發燒等症狀，或者不是一般的生產，則必須事先取得醫師的許可。

——從產後第二天開始——

(1)側躺或坐著均可。以斷斷續續的方式緊縮肛門，就如同感覺便意時，拚命加以忍耐一樣。

(2)進行腹部按摩，以肚臍為中心，用右手朝順時針的方向按摩整個腹部（歷時數分鐘）。

——產後第五天開始的追加體操——

(1)抬腰運動。仰躺、雙腳併攏、膝蓋彎曲，將腰部抬起、放下（數次）。

(2)抬頭運動。仰躺、雙腳併攏伸直，頸部抬起、放下（數次）。

——產後第十五天開始的追加體操——

(1)抬起頭部。上身運動。仰躺、雙腳併攏伸直，頸部上抬二次後，第三次則抬起上身（數次）。

(2)抬腳運動。仰躺、雙腳伸直，以左右互換的方式，將腳抬至直角高度後放下，需重複二、三次。接著，將雙腳併攏一併抬起（數次）。

——產後三週後開始的追加體操——

(1)仰躺、雙腳併攏伸直、抬高至三〇度的高度（數次）。

(2)仰躺、下半身交互扭轉（數次）。

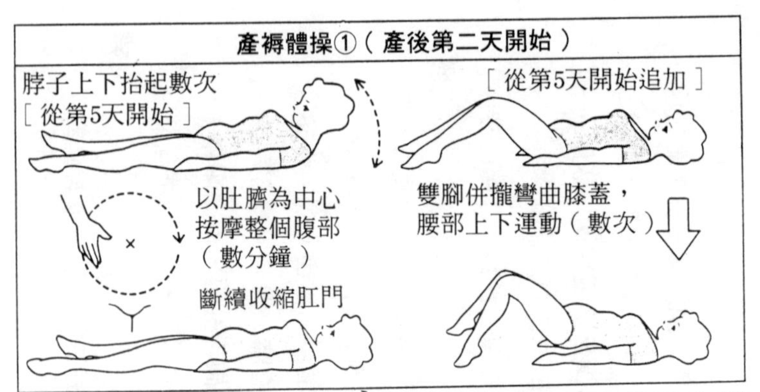
產褥體操①（產後第二天開始）
脖子上下抬起數次
［從第5天開始］
［從第5天開始追加］
以肚臍為中心
按摩整個腹部
（數分鐘）
斷續收縮肛門
雙腳併攏彎曲膝蓋，
腰部上下運動（數次）

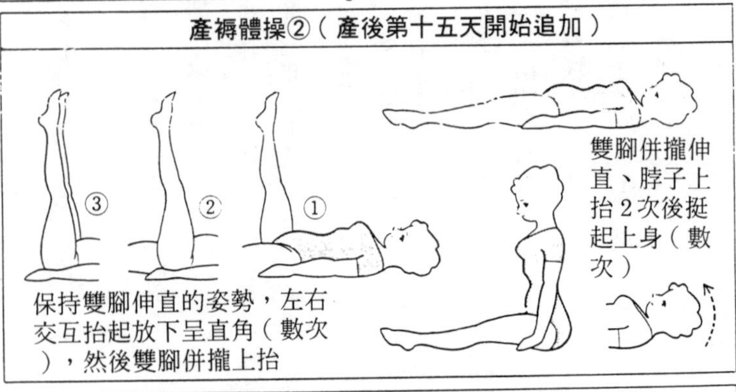
產褥體操②（產後第十五天開始追加）
③
②
①
保持雙腳伸直的姿勢，左右
交互抬起放下呈直角（數次
），然後雙腳併攏上抬
雙腳併攏伸
直、脖子上
抬２次後挺
起上身（數
次）

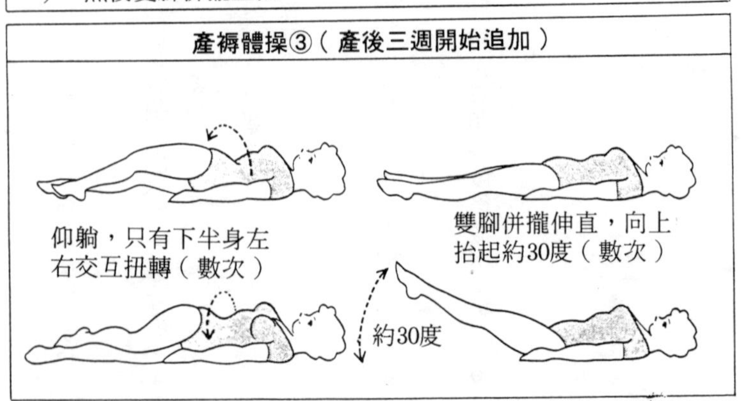
產褥體操③（產後三週開始追加）
仰躺，只有下半身左
右交互扭轉（數次）
雙腳併攏伸直，向上
抬起約30度（數次）
約30度

新生兒的生理

①新生兒的身體

☆新生兒的體格

新生兒體重約三公斤、身高約五〇公分左右。

新生兒的體重除了在出生後第二～三天會減少以外，通常都會增加，身高也會不斷伸展。大致說來，一年後體重約為出生時的三倍，身高則為出生時的一・五倍。

不過，這個發育的標準值，只是大部分嬰兒的平均值而已，實際發育情形往往因人而異。

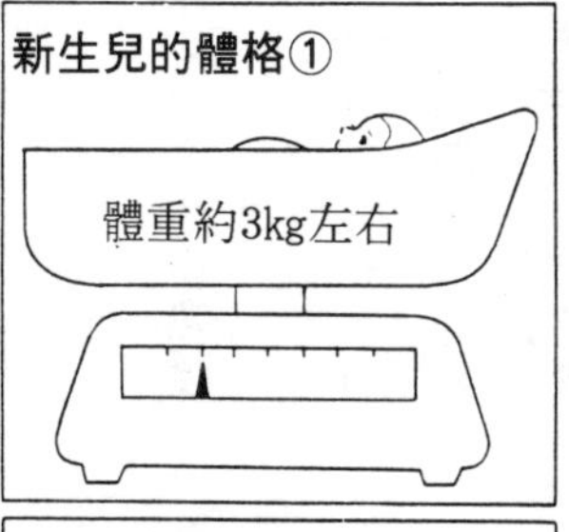

新生兒的體格②

身高為50cm左右

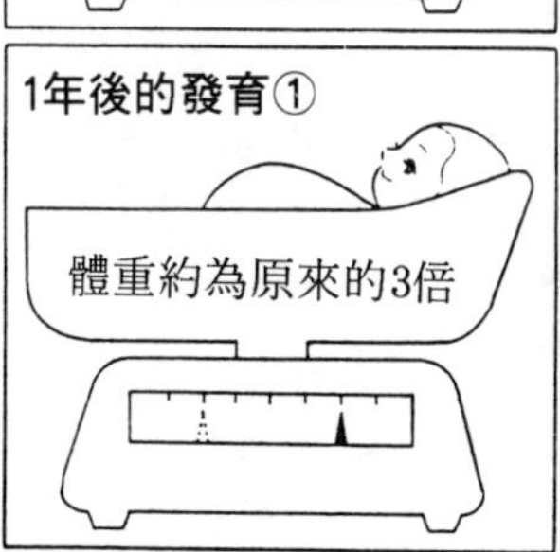

1年後的發育②

身高約為原來的1.5倍

☆體　溫

嬰兒的體溫比成人更高，約在攝氏三六・五～三七度之間。體溫調節不穩定、運動、哭泣、洗澡、吃奶等，都會導致體溫上升。此外，也很容易受到外界溫度的影響。

☆呼吸與脈搏

新生兒的脈搏跳動次數，一分鐘為一三五；呼吸次數為一分鐘四〇～四十五次，與成人相比較為快速。此外，活動時跳得更快。

☆睡　眠

在出生後第一個月裡，除了吃奶的時間以外，幾乎都在熟睡。

☆新生兒黃疸

通常在出生後第二～四天會出現，並在一～二週內消失。

這是生理現象，大部分嬰兒都會出現，不過強弱卻因人而異。

換言之，依嬰兒不同，有的黃疸程度極弱，甚至幾乎沒有，但有的卻非常嚴重。

②產後二週內的變化

產後二週內的嬰兒，可當成新生兒來處理。在這期間會出現以下的變化。

☆兒斑（胎記）

屬於黃種人的嬰兒，大多會出現紫色胎記。兒斑主要出現在臀部，有時也會出現在背部、手背、腳背或臉部。

當然，有些人並不是一出生就有兒斑，而是過了一〇天以後才出現。

兒斑會逐漸變淡，到了六、七歲時便告消失。

☆產　瘤

新生嬰兒的後頭部，會出現好像瘤似的物體。這是嬰身過狹窄的產道，後頭部先出來所造成的。亦即後頭部因受到產道壓迫而形成的瘀血現象。通常在出生後一～三天會自然消失。

☆頭血瘤

並非與生俱來，而是出生後二、三天在頭上形成的瘤。這也是由於頭部通過產道所形成的，不過卻是因頭骨與骨膜間出血所引起的。

頭血瘤的出現，僅限於一片骨的範圍，但卻要花幾週的時間才能完全消失。

產瘤或頭血瘤，不會對腦部機能及發育造成阻礙。

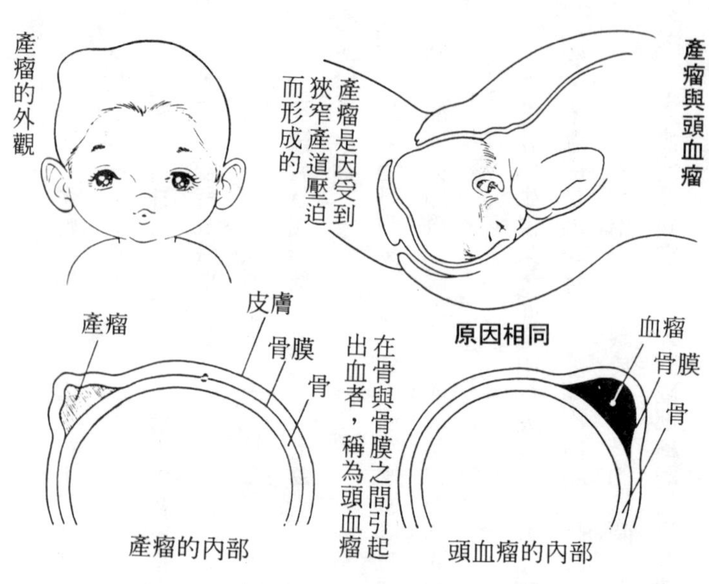

☆頭形恢復

嬰兒的頭蓋骨在通過產道時，是好像屋瓦似的重疊，並以細長的頭形生出來。這是因為嬰兒的頭蓋骨非常柔軟、骨與骨的接縫還不固定所致。通常在一週之內會恢復為圓形。

☆生理的體重減少

嬰兒的體重在出生滿四天以後，會逐漸減少。其理由是，嬰先在出生後最初三天內，排出的胎便（在胎內就有糞便）比吃奶量更多，同時也會排尿所致。從第五天開始，體重又會持續增加。

☆臍帶脫落

嬰兒的臍帶在出生後五～一〇天，會自然脫落。臍帶脫落後，在二～三天內會自然凹陷形成肚臍。

從臍帶脫落到肚臍長好為止，要每天擦抹乾燥劑。

如果出血或潮濕狀態一直持續，則必須接受醫師的處理，以免導致細菌感染。

☆奇　乳

按壓新生兒的乳房時，會有乳汁出現的現象，稱奇乳或魔乳，一般以出生後五～七天內最為常見。

奇乳是當嬰兒還在胎內時，可使母體乳汁分泌順暢的胎盤荷爾蒙，也對嬰兒的乳房產生作用所造成的。

☆新生兒月經

當為嬰兒換尿布，赫然發現孩子的陰部帶有血跡時，很多媽媽都會大吃一驚。

以女嬰的情形來說，由於在媽媽肚子裡受到荷爾蒙的影響，在出生後四～八天左右，會持續一週出現如月經般的分泌物。這種出血現象會自然停止，故不用擔心。

☆泉　門

摸嬰兒的頭部時，會發現中央部有沒有骨的凹陷部分，稱為泉門。這是因頭骨發育不全，接縫無法完全密合而形成菱形的部分。

泉門要完全蓋住，需要花大約一年半的時間。

為了安全起見，應避免用手按壓或受到撞擊。

③嬰兒的糞便與尿液

出生後二～三天內，會排出柔軟、粘性極強、呈黑綠色或黑褐色、無臭的糞便。如果是吃母乳，則糞便會變為黃色。

吃母乳的孩子，糞便中水分較多，好像軟膏似的，且有酸臭味，顏色為蛋黃色，有時會因腸的氧化作用而變成綠色。在正常的情況下，排便次數為一～五次。

至於喝牛奶的孩子，糞便中水分較少、較硬，為淡黃色或灰白色。味道有點臭，排便次數一天約一～二次。

母乳與牛奶混著吃的孩子，糞便狀態因混合比例而有所不同。

在排尿方面，新生兒的尿液較濃，有時為褐色，過了一段時間後會變成淡黃色。此外，餵母乳的嬰兒尿液為鹼性或中性，餵牛奶的嬰兒尿液則為酸性。

④新生兒的疾病

☆新生兒黑糞症

指出生後數日突然吐血或出現血便的疾病。吐出的血液為紅色或咖啡色，糞便則為血便或煤焦油似的糞便。

當吐血、血便等症狀持續時，嬰兒會因貧血而皮膚蒼白、吸奶的力道減弱，有時甚至會衰弱致死。

新生兒黑糞症

出生後幾天突然吐血時，要立刻去看小兒科醫師

如果是生產時吞下羊水、本身口腔出血或吞下由母親乳頭流出的血等原因所造成的吐血，通常一天之內就會痊癒。

一旦罹患梅毒、敗血症或血液疾病，也可能會引起出血、血便等症狀。

以新生兒的情形來說，不論是哪個部位出血，都必須立刻接受小兒科醫師的診治。

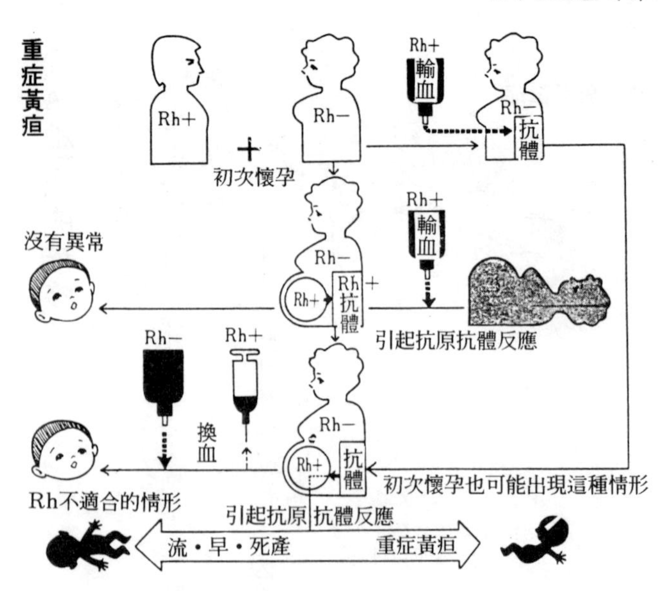

☆鵝口瘡

指嬰兒口中泛白的現象。這種由鵝口瘡菌所引起的鵝口瘡炎，會使嬰兒感覺不適或無法吃奶。

預防方法是隨時保持嬰兒口腔的清潔。萬一已經罹病，千萬不可任意採用外行人的療法，而必須接受醫師的治療。

☆重症黃疸

剛出生時黃疸較強，但出生四～五天以後，如果黃疸依然很強，且相同情況持續一個月以上，並伴隨發燒、嘔吐、痙攣、貧血等症狀時，可能是因為疾病或夫妻間血型（尤其是Rh因子）不合所致。

Rh因子有陰性與陽性之別。以國人為例

，屬於Ｒｈ陽性的人較多，屬於Ｒｈ陰性的人較少。

當Ｒｈ陰性的女性與Ｒｈ陽性的男性結婚，孕育屬於Ｒｈ陽性的胎兒時，胎兒的Ｒｈ因子透過胎盤移到母親的血液中，在母體內形成抗體。結果，抗體又透過胎盤回到胎兒體內，致使胎兒的紅血球遭到破壞並引起溶血性貧血及重症黃疸。

一旦出現重症黃疸，就必須趕緊換血，否則可能會導致嬰兒死亡或延遲身心發育。

此外，在懷孕期間，夫妻一定要接受Ｒｈ因子檢查才行。

☆未熟兒

除了母體疾病、懷孕期間受到外傷而導致的早產以外，也可能是由不明原因所造成的。

未熟兒很難養育，死亡的例子更不在少數，因此一定要聽從專家的指導。

未熟兒由於體溫調節機能尚未發育完全，體溫容易下降，因此要特別注意保溫。

高明的育嬰法

①至少餵母奶六週

用母乳哺育嬰兒，對母親、對孩子而言，都是再自然不過的事情。更何況，母乳本身也具有很多優點。所以，千萬不可以擔心乳房變形為由，一味地依賴牛奶等人工營養。

母乳具有很多優點

至少要連續餵六週母奶

☆母乳的優點

○對感染具有傑出的抵抗性。

○比牛奶更容易消化、吸收。

○不需要調乳，符合簡單、衛生的要求。

○不必擔心引起過敏。

○在嬰兒消化不良時也可以給與。

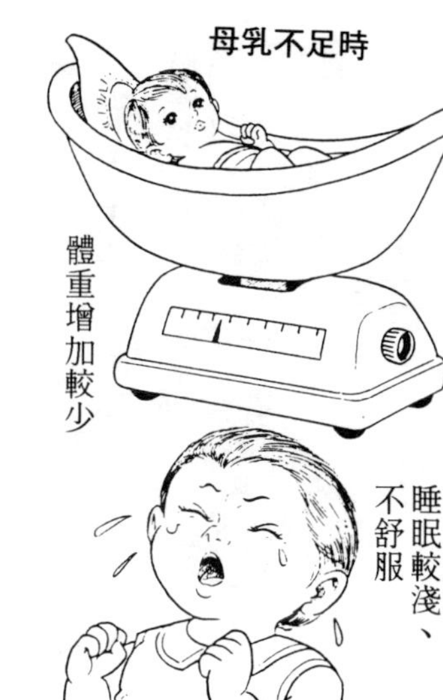

○母親抱著嬰兒餵奶，能給與嬰兒安定感與滿足感，也有助於增進母子關係。

與人工營養相比，母乳不必拘泥於授乳次數或授乳間隔，隨時都可以給與。尤其是在出生後一～二週內，可以視嬰兒的需要授乳，藉以促進乳汁分泌。

當母乳不足時，嬰兒會出現以下狀態，這時可與人工牛奶混合給與。

○授乳時間已經超過三〇分鐘，嬰兒卻依然不肯鬆口。

○睡眠較淺，感覺不舒服。

○體重不見增加。

○持續下痢與便秘。

○授乳間隔縮短。

②混合營養與人工營養的給與方式

各種調乳器具

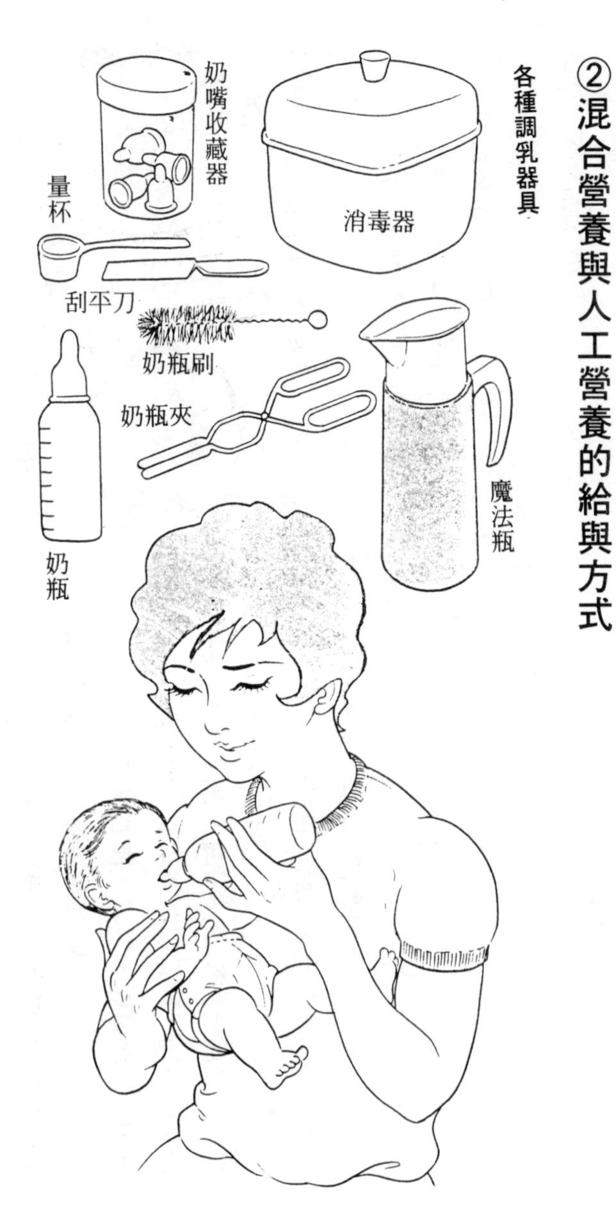

在母乳不足時，以牛奶或調製奶粉等人工乳來補充不足的部分，稱為混合營養。

至於人工營養，則是基於種種理由無法分泌母乳時，只好改用人工乳來哺育嬰兒的意思。

給與人工乳時，要著眼於嬰兒的健康及發育，均衡地給與各種必要的營養素。因此，最重要的是選擇良質食品。

當然，餵哺時還要讓嬰兒感受到充分的親情。

而調乳時的衛生問題，也必須特別注意。

☆調乳的重點

調乳或授乳所用的器具，一定要經過煮沸消毒或藥物消毒後再使用。使用後要立刻清洗。

一次只沖泡一次分量的牛乳，吃剩的部分不可再給與嬰兒。

奶粉一經開封，應儘快吃完，並保存在通風良好、乾燥的場所。

調乳需要的器具如下：

奶瓶、奶嘴、奶嘴收藏器、奶瓶夾、刮平刀、量杯、消毒器、魔術瓶、奶瓶刷、洗潔劑。

實際調乳時，一定要遵從醫師、護士或營養師的指示。

③沐　浴

嬰兒新陳代謝旺盛容易流汗，皮膚又弱，一點點刺激就會導致糜爛，因此一天必須洗一次澡。

在出生後三個月以前，要避免泡澡。如果家裡有浴缸的話，在出生後一個月以前，可在盆子裡放水，讓嬰兒在裡面洗澡。

洗澡的房間要保持溫暖，水溫夏天為三十八～三十九℃，冬天為四〇～四十一℃較為適當。洗澡時間以五分鐘為限，不可在飯後立刻洗澡。

洗澡的重點

——沐浴的順序——

(1)用毛巾或紗布包住嬰兒，左臂和手夾住嬰兒的頭、脖子和雙耳，右手則托住臀部，由腳先放入水中。

(2)右手拿住毛巾，用另一個盆子裡的水擦拭眼睛、額頭、臉頰、口、耳等部位。
(3)洗頭。注意不可讓水進入耳內。
(4)用肥皂從頸部周圍往腹部清洗，當然也別忘了清洗手掌。
(5)用毛巾洗去肥皂。
(6)洗完後用浴巾包住身體，充分擦乾水分。
(7)在全身撒上薄薄一層嬰兒爽身粉，並在肚臍撒上乾燥劑。
(8)穿好衣服後，用棉花棒擦拭耳鼻入口。

戰戰兢兢地幫嬰兒洗澡，反而容易發生危險。事實上，只要用手臂和手牢牢夾住嬰兒，大致就不會錯了。

④嬰兒的教養及處理重點

☆衣服穿得薄些

穿衣服的目的，是為了保溫及保護皮膚。很多媽媽因為擔心孩子受涼，於是拼命幫他加衣服，事實上這種作法並不正確。衣服穿得太厚，會減弱皮膚的抵抗力，是造成嬰兒身體虛弱的原因。此外，嬰兒穿著太厚的衣服，活動起來也不方便。

出生後一～二個月的嬰兒，只要比大人多穿一件即可。三個月大時，所穿衣服的件數與大人相同；過了三個月以後，則永遠比大人少穿一件。

嬰兒很容易流汗，所以內衣要勤於更換。

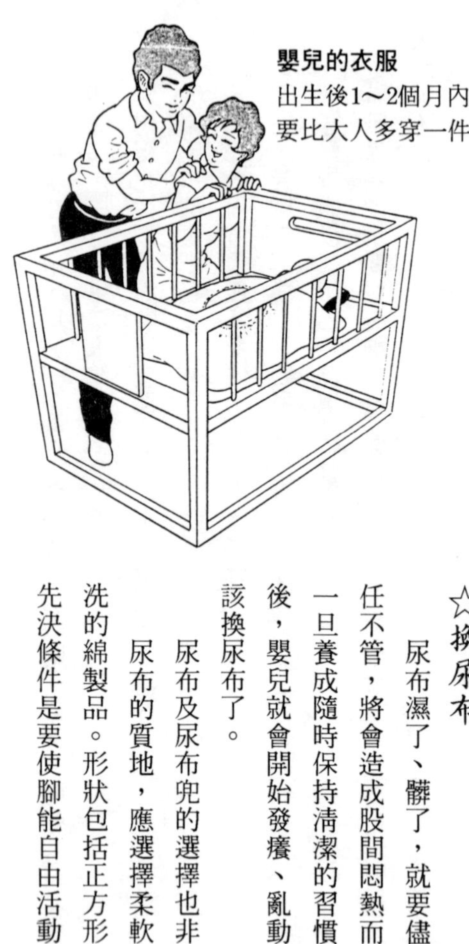
嬰兒的衣服
出生後1～2個月內，要比大人多穿一件

☆換尿布

尿布濕了、髒了，就要儘早更換。如果放任不管，將會造成股間悶熱而致小屁股糜爛。一旦養成隨時保持清潔的習慣，在尿布髒了以後，嬰兒就會開始發癢、亂動，藉此提醒大人該換尿布了。

尿布及尿布兜的選擇也非常重要。

尿布的質地，應選擇柔軟、吸水性強、耐洗的綿製品。形狀包括正方形與長方形二種，先決條件是要使腳能自由活動、不會阻礙腹式呼吸。

至於尿布兜，則以具通氣性者為最佳選擇。

☆不可養成要抱著睡或陪睡的習慣

孩子一哭就抱或母親經常陪睡的習慣一旦養成，會使嬰兒變得很愛撒嬌，不肯自己一個人睡。所以，最好一開始就讓他自己一個人睡。此外，當嬰兒自己玩的時候，不可以抱他。

在嬰兒周圍的人，都要注意不可養成嬰兒喜歡人抱或有人陪睡的習慣。

☆分辨哭聲

嬰兒的哭聲因其抑揚頓挫、強弱及間隔長短不同，代表了各種不同的語言。因此，身體不舒服、肚子餓了、想睡或想撒嬌時，哭泣方式也各有不同。

母親要儘早學會分辨各種不同的哭泣聲，才能瞭解嬰兒究竟想要什麽。

如果實在無法分辨哭聲，不妨先確認以下事項：尿布是否髒了？是否太冷或太熱？是否口渴？是否累了想睡覺？是否便秘？……如果答案是否定的，就試著抱抱看。假若仍然哭泣不止，很可能是肚子餓了，可以餵他吃奶。萬一還是哭個不停，可能就是生病了。

大展出版社有限公司
品 冠 文 化 出 版 社

圖書目錄

地址：台北市北投區(石牌)
致遠一路二段 12 巷 1 號
郵撥：0166955～1

電話：(02)28236031
28236033
傳真：(02)28272069

・法律專欄連載・電腦編號 58

台大法學院　法律學系／策劃
法律服務社／編著

1.	別讓您的權利睡著了 ①	200 元
2.	別讓您的權利睡著了 ②	200 元

・秘傳占卜系列・電腦編號 14

1.	手相術	淺野八郎著	180 元
2.	人相術	淺野八郎著	180 元
3.	西洋占星術	淺野八郎著	180 元
4.	中國神奇占卜	淺野八郎著	150 元
5.	夢判斷	淺野八郎著	150 元
6.	前世、來世占卜	淺野八郎著	150 元
7.	法國式血型學	淺野八郎著	150 元
8.	靈感、符咒學	淺野八郎著	150 元
9.	紙牌占卜學	淺野八郎著	150 元
10.	ESP 超能力占卜	淺野八郎著	150 元
11.	猶太數的秘術	淺野八郎著	150 元
12.	新心理測驗	淺野八郎著	160 元
13.	塔羅牌預言秘法	淺野八郎著	200 元

・趣味心理講座・電腦編號 15

1.	性格測驗① 探索男與女	淺野八郎著	140 元
2.	性格測驗② 透視人心奧秘	淺野八郎著	140 元
3.	性格測驗③ 發現陌生的自己	淺野八郎著	140 元
4.	性格測驗④ 發現你的真面目	淺野八郎著	140 元
5.	性格測驗⑤ 讓你們吃驚	淺野八郎著	140 元
6.	性格測驗⑥ 洞穿心理盲點	淺野八郎著	140 元
7.	性格測驗⑦ 探索對方心理	淺野八郎著	140 元
8.	性格測驗⑧ 由吃認識自己	淺野八郎著	160 元
9.	性格測驗⑨ 戀愛知多少	淺野八郎著	160 元

10. 性格測驗⑩ 由裝扮瞭解人心　淺野八郎著　160 元
11. 性格測驗⑪ 敲開內心玄機　淺野八郎著　140 元
12. 性格測驗⑫ 透視你的未來　淺野八郎著　160 元
13. 血型與你的一生　淺野八郎著　160 元
14. 趣味推理遊戲　淺野八郎著　160 元
15. 行為語言解析　淺野八郎著　160 元

・婦 幼 天 地・電腦編號 16

1. 八萬人減肥成果　黃靜香譯　180 元
2. 三分鐘減肥體操　楊鴻儒譯　150 元
3. 窈窕淑女美髮秘訣　柯素娥譯　130 元
4. 使妳更迷人　成　玉譯　130 元
5. 女性的更年期　官舒妍編譯　160 元
6. 胎內育兒法　李玉瓊編譯　150 元
7. 早產兒袋鼠式護理　唐岱蘭譯　200 元
8. 初次懷孕與生產　婦幼天地編譯組　180 元
9. 初次育兒 12 個月　婦幼天地編譯組　180 元
10. 斷乳食與幼兒食　婦幼天地編譯組　180 元
11. 培養幼兒能力與性向　婦幼天地編譯組　180 元
12. 培養幼兒創造力的玩具與遊戲　婦幼天地編譯組　180 元
13. 幼兒的症狀與疾病　婦幼天地編譯組　180 元
14. 腿部苗條健美法　婦幼天地編譯組　180 元
15. 女性腰痛別忽視　婦幼天地編譯組　150 元
16. 舒展身心體操術　李玉瓊編譯　130 元
17. 三分鐘臉部體操　趙薇妮著　160 元
18. 生動的笑容表情術　趙薇妮著　160 元
19. 心曠神怡減肥法　川津祐介著　130 元
20. 內衣使妳更美麗　陳玄茹譯　130 元
21. 瑜伽美姿美容　黃靜香編著　180 元
22. 高雅女性裝扮學　陳珮玲譯　180 元
23. 蠶糞肌膚美顏法　坂梨秀子著　160 元
24. 認識妳的身體　李玉瓊譯　160 元
25. 產後恢復苗條體態　居理安・芙萊喬著　200 元
26. 正確護髮美容法　山崎伊久江著　180 元
27. 安琪拉美姿養生學　安琪拉蘭斯博瑞著　180 元
28. 女體性醫學剖析　增田豐著　220 元
29. 懷孕與生產剖析　岡部綾子著　180 元
30. 斷奶後的健康育兒　東城百合子著　220 元
31. 引出孩子幹勁的責罵藝術　多湖輝著　170 元
32. 培養孩子獨立的藝術　多湖輝著　170 元
33. 子宮肌瘤與卵巢囊腫　陳秀琳編著　180 元
34. 下半身減肥法　納他夏・史達賓著　180 元
35. 女性自然美容法　吳雅菁編著　180 元

36. 再也不發胖　池園悅太郎著　170元
37. 生男生女控制術　中垣勝裕著　220元
38. 使妳的肌膚更亮麗　楊　皓編著　170元
39. 臉部輪廓變美　芝崎義夫著　180元
40. 斑點、皺紋自己治療　高須克彌著　180元
41. 面皰自己治療　伊藤雄康著　180元
42. 隨心所欲瘦身冥想法　原久子著　180元
43. 胎兒革命　鈴木丈織著　180元
44. NS磁氣平衡法塑造窈窕奇蹟　古屋和江著　180元
45. 享瘦從腳開始　山田陽子著　180元
46. 小改變瘦4公斤　宮本裕子著　180元
47. 軟管減肥瘦身　高橋輝男著　180元
48. 海藻精神秘美容法　劉名揚編著　180元
49. 肌膚保養與脫毛　鈴木真理著　180元
50. 10天減肥3公斤　彤雲編輯組　180元
51. 穿出自己的品味　西村玲子著　280元
52. 小孩髮型設計　李芳黛譯　250元

・青春天地・電腦編號17

1. A血型與星座　柯素娥編譯　160元
2. B血型與星座　柯素娥編譯　160元
3. O血型與星座　柯素娥編譯　160元
4. AB血型與星座　柯素娥編譯　120元
5. 青春期性教室　呂貴嵐編譯　130元
7. 難解數學破題　宋釗宜編譯　130元
9. 小論文寫作秘訣　林顯茂編譯　120元
11. 中學生野外遊戲　熊谷康編著　120元
12. 恐怖極短篇　柯素娥編譯　130元
13. 恐怖夜話　小毛驢編譯　130元
14. 恐怖幽默短篇　小毛驢編譯　120元
15. 黑色幽默短篇　小毛驢編譯　120元
16. 靈異怪談　小毛驢編譯　130元
17. 錯覺遊戲　小毛驢編著　130元
18. 整人遊戲　小毛驢編著　150元
19. 有趣的超常識　柯素娥編譯　130元
20. 哦！原來如此　林慶旺編譯　130元
21. 趣味競賽100種　劉名揚編譯　120元
22. 數學謎題入門　宋釗宜編譯　150元
23. 數學謎題解析　宋釗宜編譯　150元
24. 透視男女心理　林慶旺編譯　120元
25. 少女情懷的自白　李桂蘭編譯　120元
26. 由兄弟姊妹看命運　李玉瓊編譯　130元
27. 趣味的科學魔術　林慶旺編譯　150元

28. 趣味的心理實驗室	李燕玲編譯	150元
29. 愛與性心理測驗	小毛驢編譯	130元
30. 刑案推理解謎	小毛驢編譯	180元
31. 偵探常識推理	小毛驢編譯	180元
32. 偵探常識解謎	小毛驢編譯	130元
33. 偵探推理遊戲	小毛驢編譯	180元
34. 趣味的超魔術	廖玉山編著	150元
35. 趣味的珍奇發明	柯素娥編著	150元
36. 登山用具與技巧	陳瑞菊編著	150元
37. 性的漫談	蘇燕謀編著	180元
38. 無的漫談	蘇燕謀編著	180元
39. 黑色漫談	蘇燕謀編著	180元
40. 白色漫談	蘇燕謀編著	180元

・健 康 天 地・電腦編號 18

1. 壓力的預防與治療	柯素娥編譯	130元
2. 超科學氣的魔力	柯素娥編譯	130元
3. 尿療法治病的神奇	中尾良一著	130元
4. 鐵證如山的尿療法奇蹟	廖玉山譯	120元
5. 一日斷食健康法	葉慈容編譯	150元
6. 胃部強健法	陳炳崑譯	120元
7. 癌症早期檢查法	廖松濤譯	160元
8. 老人痴呆症防止法	柯素娥編譯	130元
9. 松葉汁健康飲料	陳麗芬編譯	130元
10. 揉肚臍健康法	永井秋夫著	150元
11. 過勞死、猝死的預防	卓秀貞編譯	130元
12. 高血壓治療與飲食	藤山順豐著	180元
13. 老人看護指南	柯素娥編譯	150元
14. 美容外科淺談	楊啟宏著	150元
15. 美容外科新境界	楊啟宏著	150元
16. 鹽是天然的醫生	西英司郎著	140元
17. 年輕十歲不是夢	梁瑞麟譯	200元
18. 茶料理治百病	桑野和民著	180元
19. 綠茶治病寶典	桑野和民著	150元
20. 杜仲茶養顏減肥法	西田博著	150元
21. 蜂膠驚人療效	瀨長良三郎著	180元
22. 蜂膠治百病	瀨長良三郎著	180元
23. 醫藥與生活(一)	鄭炳全著	180元
24. 鈣長生寶典	落合敏著	180元
25. 大蒜長生寶典	木下繁太郎著	160元
26. 居家自我健康檢查	石川恭三著	160元
27. 永恆的健康人生	李秀鈴譯	200元
28. 大豆卵磷脂長生寶典	劉雪卿譯	150元

29. 芳香療法	梁艾琳譯	160元
30. 醋長生寶典	柯素娥譯	180元
31. 從星座透視健康	席拉・吉蒂斯著	180元
32. 愉悅自在保健學	野本二士夫著	160元
33. 裸睡健康法	丸山淳士等著	160元
34. 糖尿病預防與治療	藤田順豐著	180元
35. 維他命長生寶典	菅原明子著	180元
36. 維他命C新效果	鐘文訓編	150元
37. 手、腳病理按摩	堤芳朗著	160元
38. AIDS瞭解與預防	彼得塔歇爾著	180元
39. 甲殼質殼聚糖健康法	沈永嘉譯	160元
40. 神經痛預防與治療	木下真男著	160元
41. 室內身體鍛鍊法	陳炳崑編著	160元
42. 吃出健康藥膳	劉大器編著	180元
43. 自我指壓術	蘇燕謀編著	160元
44. 紅蘿蔔汁斷食療法	李玉瓊編著	150元
45. 洗心術健康秘法	竺翠萍編譯	170元
46. 枇杷葉健康療法	柯素娥編譯	180元
47. 抗衰血癒	楊啟宏著	180元
48. 與癌搏鬥記	逸見政孝著	180元
49. 冬蟲夏草長生寶典	高橋義博著	170元
50. 痔瘡・大腸疾病先端療法	宮島伸宜著	180元
51. 膠布治癒頑固慢性病	加瀨建造著	180元
52. 芝麻神奇健康法	小林貞作著	170元
53. 香煙能防止癡呆？	高田明和著	180元
54. 穀菜食治癌療法	佐藤成志著	180元
55. 貼藥健康法	松原英多著	180元
56. 克服癌症調和道呼吸法	帶津良一著	180元
57. B型肝炎預防與治療	野村喜重郎著	180元
58. 青春永駐養生導引術	早島正雄著	180元
59. 改變呼吸法創造健康	原久子著	180元
60. 荷爾蒙平衡養生秘訣	出村博著	180元
61. 水美肌健康法	井戶勝富著	170元
62. 認識食物掌握健康	廖梅珠編著	170元
63. 痛風劇痛消除法	鈴木吉彥著	180元
64. 酸莖菌驚人療效	上田明彥著	180元
65. 大豆卵磷脂治現代病	神津健一著	200元
66. 時辰療法—危險時刻凌晨4時	呂建強等著	180元
67. 自然治癒力提升法	帶津良一著	180元
68. 巧妙的氣保健法	藤平墨子著	180元
69. 治癒C型肝炎	熊田博光著	180元
70. 肝臟病預防與治療	劉名揚編著	180元
71. 腰痛平衡療法	荒井政信著	180元
72. 根治多汗症、狐臭	稻葉益巳著	220元

73. 40 歲以後的骨質疏鬆症 沈永嘉譯 180 元
74. 認識中藥 松下一成著 180 元
75. 認識氣的科學 佐佐木茂美著 180 元
76. 我戰勝了癌症 安田伸著 180 元
77. 斑點是身心的危險信號 中野進著 180 元
78. 艾波拉病毒大震撼 玉川重德著 180 元
79. 重新還我黑髮 桑名隆一郎著 180 元
80. 身體節律與健康 林博史著 180 元
81. 生薑治萬病 石原結實著 180 元
82. 靈芝治百病 陳瑞東著 180 元
83. 木炭驚人的威力 大槻彰著 200 元
84. 認識活性氧 井土貴司著 180 元
85. 深海鮫治百病 廖玉山編著 180 元
86. 神奇的蜂王乳 井上丹治著 180 元
87. 卡拉 OK 健腦法 東潔著 180 元
88. 卡拉 OK 健康法 福田伴男著 180 元
89. 醫藥與生活(二) 鄭炳全著 200 元
90. 洋蔥治百病 宮尾興平著 180 元
91. 年輕 10 歲快步健康法 石塚忠雄著 180 元
92. 石榴的驚人神效 岡本順子著 180 元
93. 飲料健康法 白鳥早奈英著 180 元
94. 健康棒體操 劉名揚編譯 180 元
95. 催眠健康法 蕭京凌編著 180 元
96. 鬱金（美王）治百病 水野修一著 180 元
97. 醫藥與生活(三) 鄭炳全著 200 元

・實用女性學講座・電腦編號 19

1. 解讀女性內心世界 島田一男著 150 元
2. 塑造成熟的女性 島田一男著 150 元
3. 女性整體裝扮學 黃靜香編著 180 元
4. 女性應對禮儀 黃靜香編著 180 元
5. 女性婚前必修 小野十傳著 200 元
6. 徹底瞭解女人 田口二州著 180 元
7. 拆穿女性謊言 88 招 島田一男著 200 元
8. 解讀女人心 島田一男著 200 元
9. 俘獲女性絕招 志賀貢著 200 元
10. 愛情的壓力解套 中村理英子著 200 元
11. 妳是人見人愛的女孩 廖松濤編著 200 元

・校園系列・電腦編號 20

1. 讀書集中術 多湖輝著 180 元

2. 應考的訣竅	多湖輝著	150元
3. 輕鬆讀書贏得聯考	多湖輝著	150元
4. 讀書記憶秘訣	多湖輝著	150元
5. 視力恢復！超速讀術	江錦雲譯	180元
6. 讀書 36 計	黃柏松編著	180元
7. 驚人的速讀術	鐘文訓編著	170元
8. 學生課業輔導良方	多湖輝著	180元
9. 超速讀超記憶法	廖松濤編著	180元
10. 速算解題技巧	宋釗宜編著	200元
11. 看圖學英文	陳炳崑編著	200元
12. 讓孩子最喜歡數學	沈永嘉譯	180元
13. 催眠記憶術	林碧清譯	180元
14. 催眠速讀術	林碧清譯	180元
15. 數學式思考學習法	劉淑錦譯	200元
16. 考試憑要領	劉孝暉著	180元
17. 事半功倍讀書法	王毅希著	200元
18. 超金榜題名術	陳蒼杰譯	200元
19. 靈活記憶術	林耀慶編著	180元

・實用心理學講座・電腦編號 21

1. 拆穿欺騙伎倆	多湖輝著	140元
2. 創造好構想	多湖輝著	140元
3. 面對面心理術	多湖輝著	160元
4. 偽裝心理術	多湖輝著	140元
5. 透視人性弱點	多湖輝著	140元
6. 自我表現術	多湖輝著	180元
7. 不可思議的人性心理	多湖輝著	180元
8. 催眠術入門	多湖輝著	150元
9. 責罵部屬的藝術	多湖輝著	150元
10. 精神力	多湖輝著	150元
11. 厚黑說服術	多湖輝著	150元
12. 集中力	多湖輝著	150元
13. 構想力	多湖輝著	150元
14. 深層心理術	多湖輝著	160元
15. 深層語言術	多湖輝著	160元
16. 深層說服術	多湖輝著	180元
17. 掌握潛在心理	多湖輝著	160元
18. 洞悉心理陷阱	多湖輝著	180元
19. 解讀金錢心理	多湖輝著	180元
20. 拆穿語言圈套	多湖輝著	180元
21. 語言的內心玄機	多湖輝著	180元
22. 積極力	多湖輝著	180元

・超現實心理講座・電腦編號 22

1.	超意識覺醒法	詹蔚芬編譯	130 元
2.	護摩秘法與人生	劉名揚編譯	130 元
3.	秘法！超級仙術入門	陸明譯	150 元
4.	給地球人的訊息	柯素娥編著	150 元
5.	密教的神通力	劉名揚編著	130 元
6.	神秘奇妙的世界	平川陽一著	200 元
7.	地球文明的超革命	吳秋嬌譯	200 元
8.	力量石的秘密	吳秋嬌譯	180 元
9.	超能力的靈異世界	馬小莉譯	200 元
10.	逃離地球毀滅的命運	吳秋嬌譯	200 元
11.	宇宙與地球終結之謎	南山宏著	200 元
12.	驚世奇功揭秘	傅起鳳著	200 元
13.	啟發身心潛力心象訓練法	栗田昌裕著	180 元
14.	仙道術遁甲法	高藤聰一郎著	220 元
15.	神通力的秘密	中岡俊哉著	180 元
16.	仙人成仙術	高藤聰一郎著	200 元
17.	仙道符咒氣功法	高藤聰一郎著	220 元
18.	仙道風水術尋龍法	高藤聰一郎著	200 元
19.	仙道奇蹟超幻像	高藤聰一郎著	200 元
20.	仙道鍊金術房中法	高藤聰一郎著	200 元
21.	奇蹟超醫療治癒難病	深野一幸著	220 元
22.	揭開月球的神秘力量	超科學研究會	180 元
23.	西藏密教奧義	高藤聰一郎著	250 元
24.	改變你的夢術入門	高藤聰一郎著	250 元
25.	21 世紀拯救地球超技術	深野一幸著	250 元

・養 生 保 健・電腦編號 23

1.	醫療養生氣功	黃孝寬著	250 元
2.	中國氣功圖譜	余功保著	250 元
3.	少林醫療氣功精粹	井玉蘭著	250 元
4.	龍形實用氣功	吳大才等著	220 元
5.	魚戲增視強身氣功	宮　嬰著	220 元
6.	嚴新氣功	前新培金著	250 元
7.	道家玄牝氣功	張　章著	200 元
8.	仙家秘傳袪病功	李遠國著	160 元
9.	少林十大健身功	秦慶豐著	180 元
10.	中國自控氣功	張明武著	250 元
11.	醫療防癌氣功	黃孝寬著	250 元
12.	醫療強身氣功	黃孝寬著	250 元
13.	醫療點穴氣功	黃孝寬著	250 元

國家圖書館出版品預行編目資料

懷孕與生產剖析／岡部綾子著；劉雪卿譯
——初版——臺北市；大展，民85
面；　公分——（婦幼天地；29）
譯自：妊娠と出産の心得
ISBN 957-557-580-6（平裝）
1.妊娠　2.產科
420.12　　85001020

NINSHIN TO SYUSSAN NO KOKOROE

Originally published in Japan in 198 by Ikeda shoten PUBLISHING CO., LTD
Chinese translation rights arranged through KEIO CULTURAL ENTERPRISE CO., LTD
版權仲介：京王文化事業有限公司

懷孕與生產剖析

ISBN 957-557-580-6

原 著 者／岡 部 綾 子
編 譯 者／劉　雪　卿
發 行 人／蔡　森　明
出 版 者／大展出版社有限公司
社　　址／台北市北投區（石牌）致遠一路 2 段 12 巷 1 號
電　　話／(02) 28236031・28236033
傳　　真／(02) 28272069
郵政劃撥／01669551
登 記 證／局版臺業字第 2171 號
承 印 者／高星印刷品行
裝　　訂／日新裝訂所
排 版 者／千兵企業有限公司
初版 1 刷／1996 年（民 85 年） 3 月
初版 2 刷／2000 年（民 89 年） 6 月

定　價／180元

大展好書 好書大展